揺れる大地を賢く生きる

京大地球科学教授の最終講義

鎌田浩毅

角川新書

はじめに

日本の大学では恒例行事として、長年勤めて定年を迎えた教員が行う最後の講義を「最終講義」として一般公開する習わしがあります。本書は２０２１年3月10日に、私が京都大学で行った最終講義をもとにして刊行するものです。

私が大学教授となって24年目に行われた最後の授業は、私と学生たち、そしてネット上のClubhouseの聴衆という三者の、とても熱気に満ちた時間になりました。

ただ、そこで私が話した内容は、最終講義といってイメージされるものとは一風違っていたのではないか、と思います。

最終講義というと通例は、定年退職する教授や准教授が自身の研究人生の歩みをたどり、成果を振り返りながら、来し方について縷々《るる》話すことが多いようです。時には集まってくれたお弟子さんや先生のファンの聴衆たちが、懐かしさに思わず涙する光景も見られます。

ところが私の場合はまったくそうなりませんでした。というのは冒頭で、「昔を振り返っている場合じゃないんです。これから日本列島は大変なんですからね！」と切り出してしまったからです。

過去を振り返らなかった「最終講義」

この日は、2011年に発生した東日本大震災から10年のちょうど前日でした。この震災は起きた日付を取って「3・11」と呼ばれています。さらに、この講義の1か月前には、東日本大震災の記憶を呼び覚ますような大きな地震が起きていました。

いま日本列島は揺れています。東日本大震災以降、日本は地殻の変動期に入ってしまいました。変動期とは何かは、本書でも少しずつ紹介していきますが、地球の歴史から見て、地震、火山の噴火などが多い時期のことです。

たとえば、日本列島の活火山には噴火徴候があり、富士山も「噴火スタンバイ状態」にあるのです。そして南海トラフ巨大地震は2035年±5年のあいだに発生するだろう、との予測も出ています。

これからは、いかに巨大な被害を抑えるか、つまり「減災」の意識がいっそう大切になります。その意識を持つことが、命を守るための行動につながるからです。

私自身にもずっとこうした意識があるので、自《おの》ずと最終講義の内容もこれからのことになりました。そうです、しみじみと過去を振り返っている場合ではなく、近未来に対処しなければならないのです。
私は火山の基礎研究からキャリアを開始した地球科学者ですが、必ずしもその専門にとらわれず、今の地球で起きていること全体を皆さんに伝えたいと思っています。それは、次に述べるエピソードを経験したからです。

東日本大震災に先駆けること7年前の2004年12月、インドネシアのスマトラ島沖で巨大地震が起きました。30mを超える未曾有《みぞう》の津波が発生し、現地の人々のみならず、在住邦人の方も命を落としたこともあり、津波関連の映像が日本でも多く報道されました。
報道されたテレビ映像で私の印象に強く残ったのは、和歌山県紀伊《きい》半島の海岸でサーフィンに興じている若者たちへのインタビューでした。
あるテレビクルーが、サーファーに質問をしました。

「津波が来たらどうしますか?」

するとその若者はこう答えたのです。

「サーフィンには自信があるから、津波に乗ってみたいです！」

何てことを言うのだろうと、私は愕然《がくぜん》としました。津波の特性については本文で詳述しますが、ものすごい勢いで迫って来る巨大な水の壁です。東日本大震災では最大の高さ16・7m、陸を駆け上がった水の遡上《そじょう》は高さ40m以上とされ、最高速度は時速100kmを超えていたと見られています。

次の「南海トラフ巨大地震」では東日本大震災の津波の高さを上回り、最大34mにもなると予想されています。さらに、たった50cmの津波でも足をすくわれて溺死《できし》することがあるのです。そのため、津波が発生したと聞いたら、すぐに高台に逃げなくてはいけません。サーファーの方もウケを狙っただけで、本気の発言ではなかったかもしれません。それでも、多くの人は津波の怖さを知らないのだな、とそのとき私は強く意識しました。

それから7年足らずで起きた東日本大震災も同様でした。地震発生後に、津波が襲来するまで約30分、場所によっては1時間ほどありました。避難するための時間的余裕がなかったわけではありません。にもかかわらず、家や建物に残った人がいました。

いったんは避難したのにもう大丈夫だと思い、引き返して亡くなった方もいます。津波の本当の恐ろしさが伝わっていなかったのでしょう。地球科学を専門とする研究者としては、本当に忸怩《じくじ》たる思いです。

命を失わないこと

世の中には知らなくてもいいことは膨大にあります。しかし、津波のように知っておかないと命に直結してしまうことが確かにあるのです。

イギリスの哲学者フランシス・ベーコン（1561～1626）は「知識は力なり」という言葉を残しています。ヨーロッパに経験主義の思想をもたらし、産業革命をはじめとして科学技術が世界を変える基礎を創った学者です。そして私はサーファーの方をはじめ国民全体に、自らの力となる地球科学の「知識」を伝えたいと思ったのです。

私自身の学問自体の礎《いしずえ》も、実はそこにあります。「なぜ学問をやっているのか」という問いかけに、こう答えます。「学問は人に幸せをもたらします」、それを「多くの人に伝えたいのです」、そして私が得た学問の恩恵を「皆さんにそっくり返したいのです」と。

私たち学者は国からたくさんの研究資金をいただいて、大学という自由に研究できる環境にいます。特に京都大学には優秀な学生がたくさん集まり、とても幸せな24年間でした。

でも、私と京大生だけが幸福になったのではまったく不十分と思ってきました。大学で得た研究成果をどうやって社会に返したらよいか、とずっと考えていたのです。そのときに脳裏に浮かんだのが、あのサーファーでした。

ちかぢか南海トラフ巨大地震が起きれば、西日本では6000万人が被災すると考えられています。我が国の総人口の半分に当たるものすごい人数です。そのなかには、「津波に乗ってサーフィンしてみたい」と考える人もいるかもしれません。

私はそういう人たちをこそ助けたいと思うのです。津波で命を落としてはなりません。何があっても命を失わずに、震災後の復興のためにも力を尽くしてもらわないと、日本全体が持たないからです。だから私の願いをひとことで言えば、「みんな死ぬなよ」なのです。

だからこそ「京都大学最終講義」は来し方を振り返るのではなく、今ここにある「危機」を共有し、教室に集まった若い学生たち、そしてネットの向こうの聴衆の一人ひとりに、いかにして身を守るかを考えてほしかったのです。

地球が誕生して46億年、生命の誕生からは38億年が経過しています。そのなかにあって人類は、誕生後わずかに700万年ほどしか経っていませんが、営々と生命をつなぎ、現在までやって来ました。我々の祖先のホモサピエンスは30万年前から今まで生き延びてきたのです。

日本列島はいま未曾有の変動期にありますが、将来もなんとか日本に暮らす人々が生き延びてほしいと願っています。本書でこれから述べることは、生き延びるために私が読者の皆さんに伝えたい、厳選した内容にしたつもりです。

ここで各章の概略を述べておきましょう。

第一章では、日本が変動期に突入するにあたって「3・11」の影響がどれほど大きかったのか説明し、併せて地震に関する基礎知識を紹介します。

第二章では、来るべき「南海トラフ巨大地震」の激しさを知ってもらうため、その被害予測と根拠を述べます。

第三章から第四章では、現在20の活火山が噴火スタンバイ状態にあることを述べ、火山の仕組みについて、主に富士山を例に挙げて説明します。同時に、一般的に馴染《なじ》みが薄いと思われる噴火被害については、節を分けて詳しく予測しました。

第五章では、「地球温暖化」について解説しています。最終講義では触れられなかったものの、読者の皆さんの関心も高いと想像します。

第六章から第七章では地球科学にまつわる専門的な話題、知識を離れ、ポストGAFAを見据えた今後の時代に向けて重要となる考え方、教養、学ぶことに対する持論を述べました。

そして最終章の第八章では、地球科学の視点で現代を眺めるとどのように見えるのか、について紹介しています。私たちの日常を超え出たスケールの大きさに触れていただければ、と思います。

地震や噴火にまつわる防災・減災は「お上《かみ》に任せておけばいいのだ」と、他人事《ひとごと》として捉《とら》える人は少なくありません。しかし、国や自治体が助けてくれる範囲には限界があります。特に、総人口の半分が被災する南海トラフ巨大地震では、いつまで待っても援助は来ないかもしれません。

だからこそ、いつ自分の身に降りかかってもおかしくない出来事だ、と受け止めてほしいのです。そして、「自分の身は自分で守る」姿勢に変わってほしいのです。本書が、一人ひとりが自ら命を守り幸せを手に入れる一助になれば、と心から願っています。

では「京都大学最終講義」を始めましょう。

鎌田《かまた》浩毅《ひろき》

目次

はじめに　3
過去を振り返らなかった「最終講義」／命を失わないこと

第一章　日本は「大地変動の時代」に突入　19
東日本大震災の衝撃／「海の地震」と「陸の地震」／活断層の動きが活発化した／余震、本震、前震／熊本地震の驚くべき現象／正断層と逆断層／日本列島で地震が起きない場所はない／活断層の見つけ方／変動期は今後も続く

第二章　2035年±5年、南海トラフ巨大地震の激甚さ　45
周期性からの予測／なぜ2030年〜40年の発生を予測できるのか／津波は「ビッグウェーブ」ではない／「3・11」とは桁違いの被害が／マグニチュード7クラスにも用心を／新たな不安要素と津波／根室沖巨大地震にも注意を

第三章　20の火山がスタンバイ状態　67
巨大地震の後には噴火が／「3・11」直後から増えたスタンバイ状態の火山／噴火の3つのモデル／水蒸気爆発も怖い／世界経済に影響を及ぼしたマグマ水蒸気爆発／火山は「火山フロント」に沿って／噴火の予兆――「低周波地震」「火山性微動」／静岡で起きた地震に肝を冷やす／富士山噴火が南海トラフ巨大地震と連動したら

第四章　富士山噴火をシミュレートする　97
（1）火山灰　98
ただの灰ではなくガラスのかけら／人体への被害／家屋、農作物への被害／ライフラインへの被害／交通機関への被害／火山灰被害のシミュレーション／異常気象ももたらす

（2）溶岩流 111
富士山の溶岩はサラサラで、流れは長大／代表的な4つの岩石／溶岩流のシミュレーション／可能性マップから読み取れること／爆弾投下で！　溶岩流を食い止めたイタリア／溶岩流に関する防災上のポイント

（3）噴石と火山弾 122
猛スピードで降ってくる／噴石放出の予知は困難／噴石に関する3つの状況／富士山の噴石到達距離は／噴石による不意打ちを食らわないために

（4）火砕流・火砕サージ 131
高速・高温の危険な流れ／富士山で発生する可能性のある3タイプ／火山爆発指数と規模／火砕サージの特徴／富士山からも火砕流と火砕サージが／火砕流・火砕サージの被害予測

（5）泥流 140
大量の水で火山灰や岩石を押し流す／泥流被害の凄まじさ／氷河のある火山で泥流が起きると／富士山における泥流発生パターン／それぞれの災害予測

第五章　地球温暖化は自明でない　149

「異常気象」の「異常」は人間にとっての異常／地球温暖化の根拠／地球上の温度が保たれる理由／二酸化炭素が増えるとなぜ地球温暖化が起きるのか／温暖化が進むとどうなるか／地球は氷期に向かっている／温暖化は自明ではない／異常気象と偏西風／地球のバランス・システム＝「地球惑星システム」／地球の進化、人間の進化

第六章　減災の意識を持つ　177

知識は命を救う／「減災」の意識を持って／指示待ちではなく自発的になるには／正常性バイアスを知り、シミュレートする／「空振り」を受け入れる姿勢を持つ／個別「ハザードマップ」の重要性を知る

第七章　ポストGAFAを見据えて——必要となる思考、知識、教養　197

戦略的な勉強を／知識→アウトプット→教養のサイクル／面白く学ぶ／コンテンツ、ノウハウ、ロジカルシンキング／「好きなこと」を追求しすぎてはいけない／「好きなことより、できること」／人生で出くわす「偶然」を楽しむ／スキマにこそ醍醐味が／京都大学の教育法／難しい本は書いた人が悪い／オンリーワンはナンバーワン／科学の伝道師が本分に／無理だと思ったテーマは捨てていい／時間を4つに分ける／枠を作ると集中力がアップする／教養を深める「入口」はどこにでもある／読書はもっとも効率のいい勉強の手段

第八章　地球46億年の命をつなぐ　241

「長尺の目」で見る、ということ／ユクスキュルが唱えた「環世界」／ノー

ブレス・オブリージュ／アトランティス大陸は実在した？／大陸の大きさは？／大噴火は文明を消滅させる／島の消滅は日本でも起きていた／地球科学的な時間と空間を／「マイ・マウンテン」と「マイ・カントリー」

あとがき 273

「惨憺たる授業」からの大逆転／「国土強靭化」プロジェクトに参加

索引 287

編集協力　佐藤美奈子、竹縄昌
図版作成　小林美和子　／　ＤＴＰ　オノ・エーワン

第一章
日本は「大地変動の時代」に突入

「地球科学入門」の講義を24年行った吉田キャンパス4共11番教室の講義風景

東日本大震災の衝撃

２０１１年3月11日に起こった東日本大震災以来、日本では地震が頻繁に発生するようになりました。それは読者の皆さんも実感しているところでしょう（図１－１）。加えて、火山の噴火も増えています（73ページの図３－3aを参照）。

21年3月10日の最終講義の直前には、福島県を中心にまるで東日本大震災の揺れかと思うような地震がありました。「３・11」以降に大きな被害の出た地震としては、熊本地震（16年4月）、北海道胆振《いぶり》地方の地震（18年9月）が記憶に新しいでしょう（36ページの図１－７参照）。北海道の地震の際には大停電も発生し、被害をいっそう大きくしました。

さらにこの先、南海トラフ巨大地震が２０３５年±５年のあいだに発生する、と予測されています。南海トラフ巨大地震や首都直下地震では、具体的にどのような被害が予想されるかについては、次章で詳しく述べます。

火山でも、たとえば２０１４年9月には、岐阜県と長野県の県境にある御嶽山《おんたけさん》で、60名以上の犠牲者が出る戦後最大の噴火災害がありました。首都近辺では、15年に箱根山《はこねやま》で火山性微動が観測され、観光業に大きな影響を与えました。

現在、日本には１１１の火山がありますが、そのうちの20個が「噴火スタンバイ状態」にあって、その最大の火山が、あの富士山です。

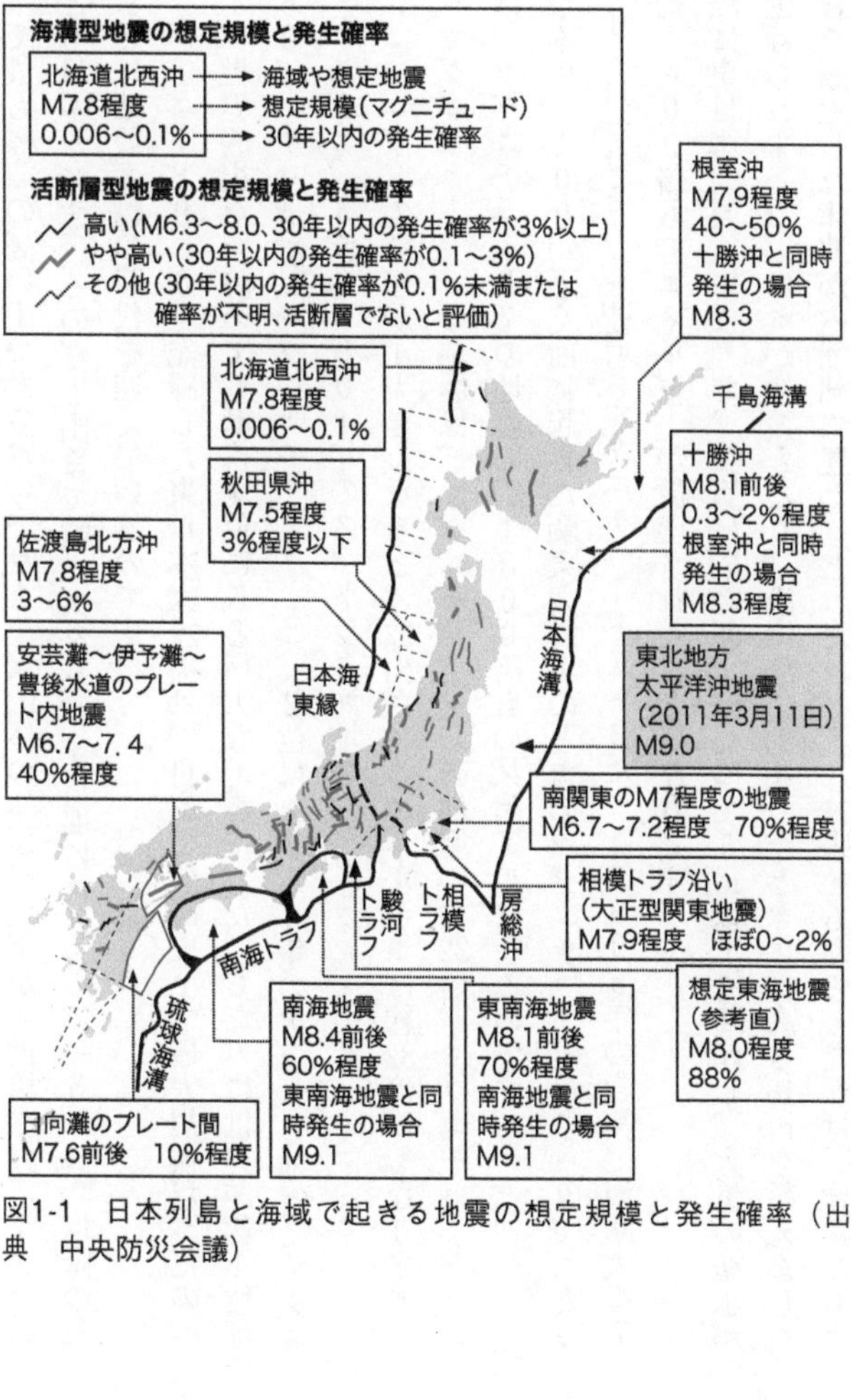
海溝型地震の想定規模と発生確率
北海道北西沖
M7.8程度
0.006〜0.1%
海域や想定地震
想定規模(マグニチュード)
30年以内の発生確率
活断層型地震の想定規模と発生確率
高い(M6.3〜8.0、30年以内の発生確率が3%以上)
やや高い(30年以内の発生確率が0.1〜3%)
その他(30年以内の発生確率が0.1%未満または確率が不明、活断層でないと評価)
根室沖
M7.9程度
40〜50%
十勝沖と同時発生の場合
M8.3
千島海溝
北海道北西沖
M7.8程度
0.006〜0.1%
十勝沖
M8.1前後
0.3〜2%程度
根室沖と同時発生の場合
M8.3程度
秋田県沖
M7.5程度
3%程度以下
佐渡島北方沖
M7.8程度
3〜6%
日本海溝
東北地方太平洋沖地震
(2011年3月11日)
M9.0
安芸灘〜伊予灘〜豊後水道のプレート内地震
M6.7〜7.4
40%程度
日本海東縁
南関東のM7程度の地震
M6.7〜7.2程度　70%程度
相模トラフ沿い
(大正型関東地震)
M7.9程度　ほぼ0〜2%
駿河トラフ
相模トラフ
房総沖
南海トラフ
琉球海溝
想定東海地震
(参考直)
M8.0程度
88%
南海地震
M8.4前後
60%程度
東南海地震と同時発生の場合
M9.1
東南海地震
M8.1前後
70%程度
南海地震と同時発生の場合
M9.1
日向灘のプレート間
M7.6前後　10%程度

図1-1　日本列島と海域で起きる地震の想定規模と発生確率（出典　中央防災会議）

日本で最も標高の高い山であるだけでなく、火山体の体積や地下から供給されるマグマの量なども日本一です。その富士山まで噴火スタンバイ状態になるなど、「3・11」以降の日本はまさに地殻変動の時代を迎えているのです。

マグニチュード9・0を記録した東日本大震災は、日本の観測史上で最大規模だったのみならず、世界的視点で眺めても歴代4位に入る巨大な地震でした。ちなみに世界歴代1位は1960年のチリ地震（マグニチュード9・5）、2位は1964年のアラスカ地震（マグニチュード9・2）、3位は2004年のスマトラ島沖地震（マグニチュード9・1）です。

マグニチュードの数値が1大きくなると、放出されるエネルギーは約32倍にもなります。つまりマグニチュード8の地震は、マグニチュード7の地震の約32倍、マグニチュード9の地震は、マグニチュード7の地震の約1000倍ものスケールになるのです。

ちなみに、100年近く前に起きた関東大震災のときのマグニチュードは7・9でしたから、「3・11」はその約50倍、マグニチュード7・3だった1995年の阪神《はんしん》・淡路《あわじ》大震災時の約1400倍ものエネルギーが放出されたことになります。

実際に東日本大震災によって、海底は広範囲にわたって5m以上も隆起し、大量の海水が持ち上げられました。これが津波となり、沿岸部に到達したときには高さ16mを超えました。川や谷を遡上した津波が内陸部に達し、どれだけ甚大な被害をもたらしたかは、皆さんもよ

く ご存じかと思います。

このように巨大なエネルギーが放出された東日本大震災によって、日本列島は地殻変動の時代を迎えました。

「海の地震」と「陸の地震」

今、日本で起きている地殻変動についての理解を深めるために、まず地震が起こる仕組みとその構造についてぜひ知っておいてほしいと思います。これらは何も、地球科学の専門家だけが知っていればいいという事柄ではありません。

「はじめに」でも述べたように、津波でサーフィンをしたいと思っている人や、地球科学に興味のない人たちにこそ知ってほしいのです。なぜなら、自身の命を守ることにつながるからです。

地震には、大きく分けると2つのタイプがあります。1つは、海底が震源となる「海の地震」で、もう1つが、陸地の地下が震源となる「陸の地震」です。

たとえば東日本大震災や関東大震災は、海に震源があったので「海の地震」です。1995年の阪神・淡路大震災や、2016年の熊本地震は、陸に震源があったので「陸の地震」に分類されます。

まず、海の地震の仕組みと構造について紹介しましょう。

日本の地形を断面図で見てみると、太平洋と日本海という2つの海に挟まれて日本列島という陸地があります。

太平洋側の海底にはプレートと呼ばれる厚い岩板があり、このプレートは1年に8㎝ずつ(爪が伸びるくらいの速さ)太平洋側から日本列島に向かって押し寄せてきています(図1-2)。

しかし、プレートは日本列島に直接ぶつからず、斜め下に沈み込みます。そのとき、プレートが押す力によって、日本列島のほうも引き摺《ず》り込まれて沈み込みます。

日本列島は、しばらくは加えられた力に耐えながら沈みますが、ただどこまでも果てしなく沈み込んでいくわけではありません。沈むのにも限界があり、引き摺り込まれた地盤は、元に戻ろうとして跳ね返ります。

地震が発生するのは、そのときです。この跳ね返りが、海の地震の仕組みです。東日本大震災も、ここに述べたような経過で発生しました。専門用語では「海溝型地震」といい(図1-2)、巨大地震となりやすいのが特徴です。同時に津波の原因にもなります。

「海溝」とはその名の通り、海のなかにある溝で、何千万年にもわたってプレートが無理や

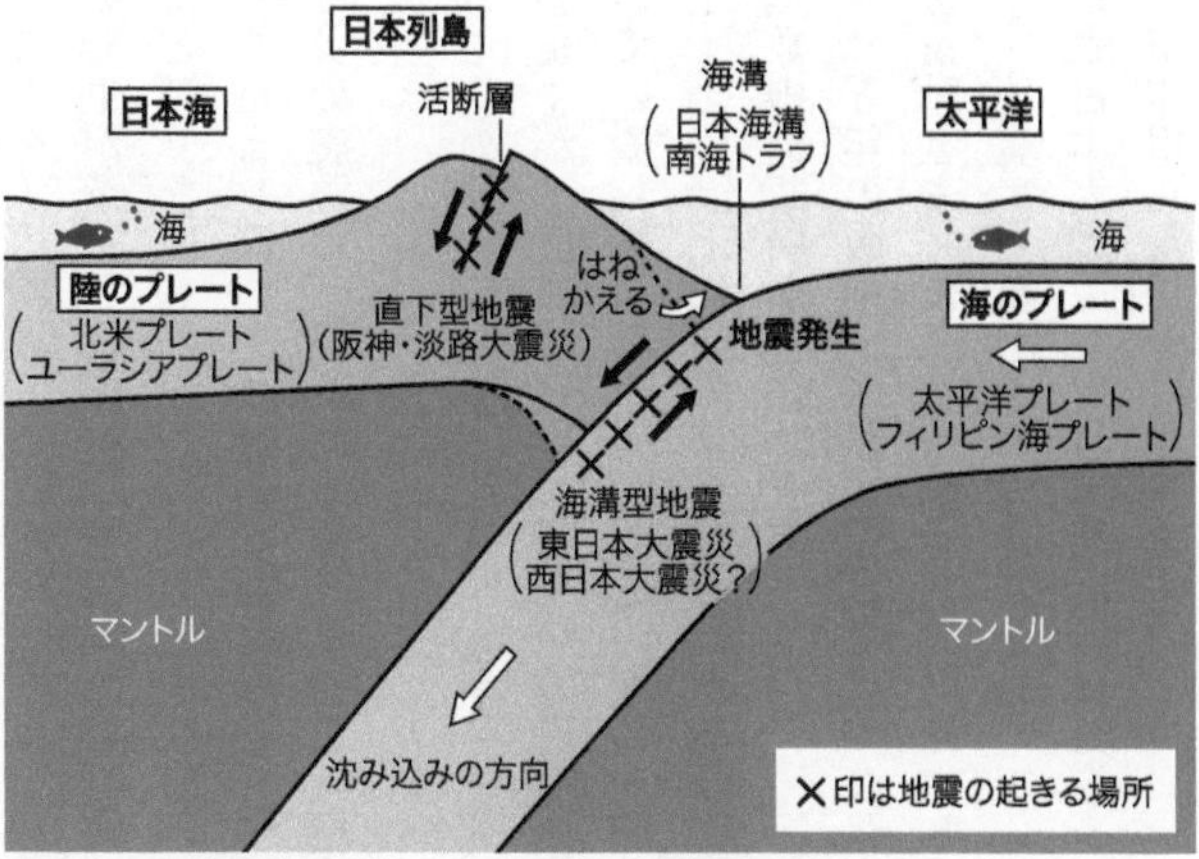

図1-2　日本列島のプレートの動きと地震の発生

り引き摺り込まれることによってできる海底の地形です。「3・11」を招いた東北地方太平洋沖地震の震源のある日本海溝も、そのひとつです。

ちなみに、東北地方太平洋沖地震と東日本大震災という2つの表記がありますが、それぞれ使い方が違います。東北地方太平洋沖地震は気象庁が決めた、地震のいわば学術的な名称です。

それに対して東日本大震災は、地震の発生後に災害を復旧するため、政府が閣議決定して決めた震災名です。なお本書では分かりやすく、東日本大震災と表記することもあります。

さて、この海溝に沿って、地震の巣ともいえる、地震を繰り返し起こす領域が生じ、ここを「震源域」と呼んでいます。

今後発生が予測されている南海トラフ巨大地震も、海溝型地震の一つです。トラフとは、海溝ほど深くないものの、お盆のような広い斜面を持っている海底地形のことをいいます。6000mより深いところが「海溝」、それより浅いところは「トラフ」と呼ばれます。関東大震災の震源は、相模《さがみ》湾の海底にある「相模トラフ」でした（図1－1）。

一方で陸の地震は、「活断層《かつだんそう》」が動くことで発生します。報道などで耳にすることも多いと思いますが、活断層とは、何年かの周期で繰り返し動いている断層のことです。今も活動が続いている「活《い》きた断層」だということで、活断層と名付けられました。

図1－1の図上に筋のようなものがありますが、これが活断層です。日本国内には、それこそ無数の活断層が存在します。

1995年の阪神・淡路大震災では、淡路島にある「野島《のじま》断層」の南東側が南西方向に最大約2m動きました。2m動くために発生したエネルギーが甚大な被害を出す地震となったのです。地震エネルギーの大きさを思い知らされます。

また東日本大震災で、日本列島は東に5・3m動いてしまいました。それだけ大きなエネルギーが作用したことになります。

活断層は、なぜできるのでしょうか。原因は海のプレートにあります。プレートが押し寄せてくれば、列島の内陸にもストレスがかかります。そのストレスによって陸地の弱い部分の岩石などが割れ、その時に強い地震が発生します。地下の岩盤がスパッと割れた場所を断層と呼びます。そこが活断層となるのです。

その後、岩盤に新たに力が加わると、この断層が動いて再び地震が起きます。こうして、いちどできた断層は、次の地震の震源になっていきます。繰り返し動いている断層のことを、活動が未来まで続く断層という意味で、活断層と呼んでいるのです。これこそが、後に説明する「直下型地震」の発生メカニズムとなります。

活断層の動きが活発化した

日本はもともと世界有数の地震国です。世界中で発生する地震のうち、約１割は日本で起きるといわれるほどです。しかもその流れは「３・11」以降の10年間で加速しています。

海の地震と陸の地震はともに収まる様子を見せず、むしろ増えつつある状況です。震度１以上の地震は、２００１年３月から11年の東日本大震災発生前の10年間で１万７０７８回でしたが、大震災以降の10年間では３万４２１３回（いずれも気象庁データベースから）と倍増しています。

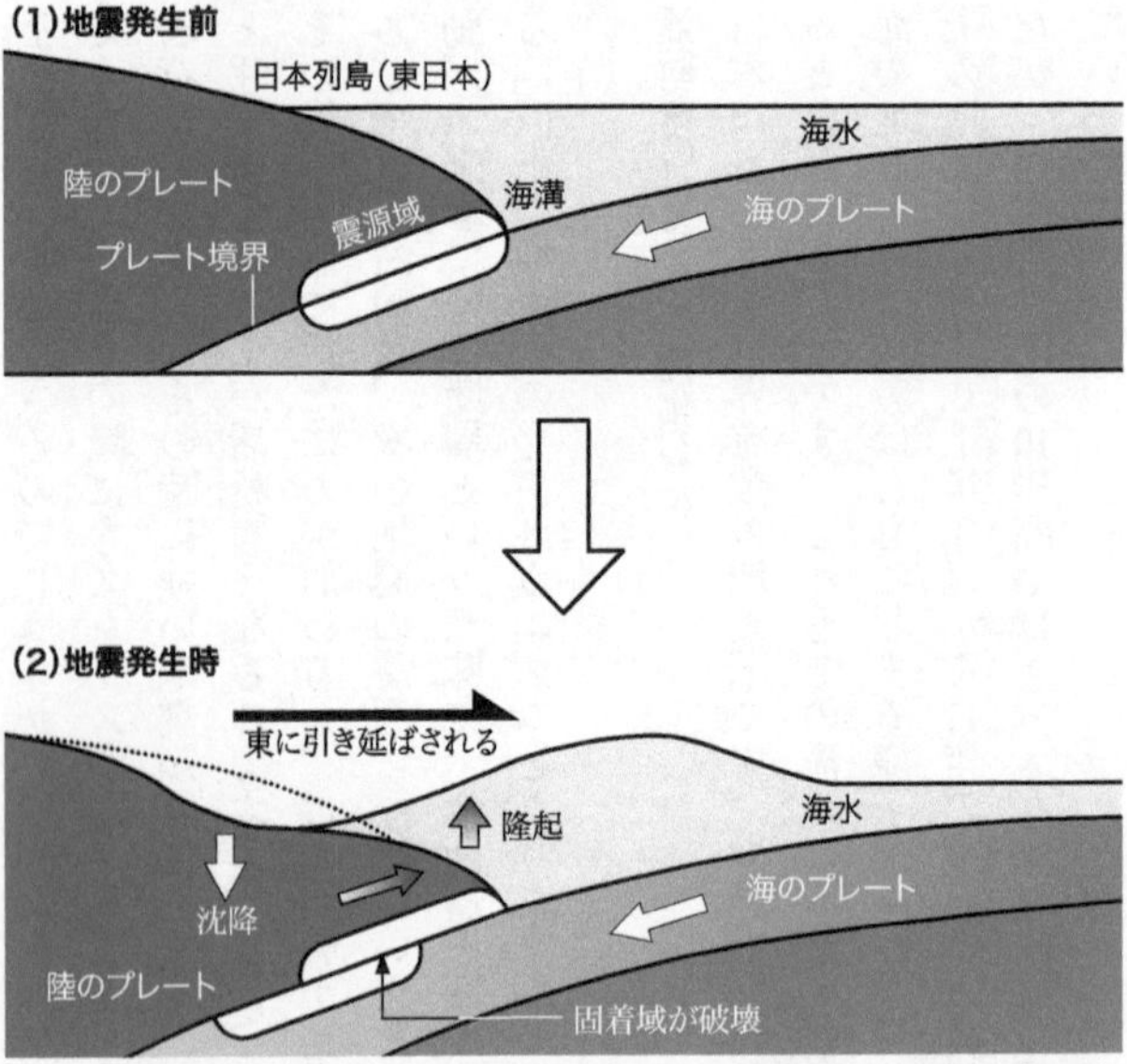

図1-3　東日本大震災の発生前と発生時の地殻変動。日本列島が東へ5.3m動いた

それは、東日本大震災が発生したことで、日本列島が約1000年ぶりの大きな変化を受けたからです。1000年前に大きな地震が発生したという記録は古文書にわずかに残るだけだったため、「3・11」発生当時は地球科学者もこの地震を「想定外」と受け止めました。

しかしこの変動は、日本列島全体に影響を与えるほどの規模でした。先述の通り、東日本大震災により日本列島は5・3m東に、つまりアメリカのほうに寄ってしまいました（図1－3）。

プレートにぎゅうぎゅう引き摺り込まれていた日本列島の震源域が反発して跳ね返ったとき、その跳ね返りが大き過ぎ、かえってアメリカ側に近くなったわけです。跳ね返りが起こることで岩盤が滑るので、大地震の後には規模の小さな「余震」が多く発生します。その面積、すなわち余震の震源地の範囲は地震の規模に比例しますが、「3・11」では長さ（南北）500km、幅（東西）200kmという巨大な領域になりました。また、岩盤が滑った距離は最大50mにも達しました。

同時にこのとき、列島が最大1・6m沈降したことが観測されています。これは東北地方から関東地方にかけての太平洋側で見られた現象で、列島の東半分が東西に引っ張られている状態です。列島全体がこうしたストレスを受けた結果、西日本も含めて活断層が活発に動くことになったのです。

余震、本震、前震

東日本大震災の本震はマグニチュード9・0というきわめて大きい規模だったため、余震でもマグニチュード7以上の大地震が発生しました。

さてここで、地震のときによく聞く余震、本震について簡単に説明しておきたいと思いま

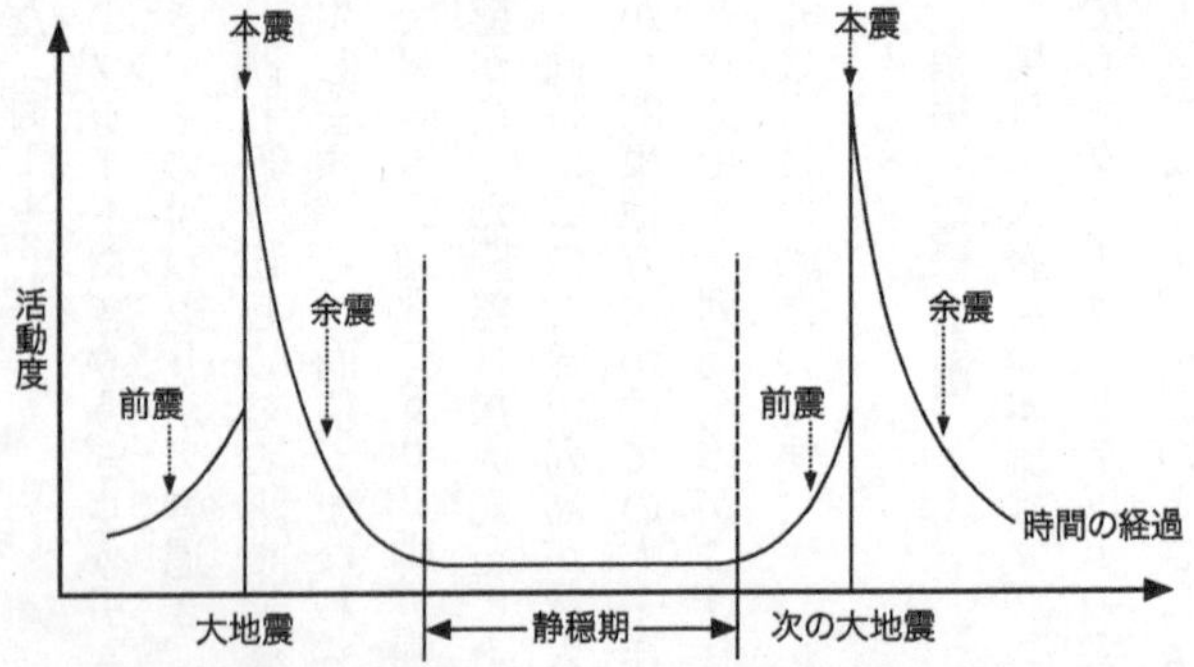

図1-4　地震の繰り返しサイクルと、本震・余震・前震の関係。地震活動は小規模の前震から始まり、最大規模の本震、そしてまた中規模の余震の順に起こり、静穏期をへて繰り返す

す（図1－4）。

大地震の直後には、非常に多くの地震が発生します。これらを「余震」と呼びます。覚えている人も多いと思いますが、「3・11」の後にもマグニチュード7・4、マグニチュード7・6、マグニチュード7・5という大きな地震が立て続けに起こりました。

ただ、いくら大きくても、余震の規模は普通、「本震」には及びません。「3・11」でいえば、本震であるマグニチュード9・0は、その後起きた余震の何百倍ものスケールを持っていました。

一般に余震は、最初に起きる大地震のあとにたくさん起きる、規模の小さな地震と定義されています。世界中で起こった地震を研究したところ、余震の規模は最初の一撃である本震の10分の1以下でした。

かつ、時間とともに回数が次第に減っていくこともわかってきました。つまり、大地震の発生には、このように本震と余震が繰り返されるサイクルがある、と考えられます。

マグニチュード8までの地震では、余震が続く期間は1週間ほどで、徐々に少なくなっていくのですが、「3・11」では非常に長引きました。静穏期《せいおんき》になるまで少なくとも30年以上かかるのではないか、という専門家による予測もあります。余震が継続する期間から考えても、東日本大震災は特別だといえます。

さて、本震と余震のほかに、「前震」という言葉もあります（図1－4）。本震の前に起こる小さな地震のことを指します。本震の前には規模の小さな前震が発生し、その直後に最大規模の本震が突然やってきます。

その後、本震よりも小さな余震がだらだらと続き、いずれ消滅していく、という経過をどの地震もたどります。さらにその後、長い静穏期を経て、次の地震のサイクルが始まり、前震が発生し……という流れがあります。なお、静穏期は数十年から数千年まで、地震によって幅があります。

熊本地震の驚くべき現象

２０１６年に発生した熊本地震では、驚くべき現象が起こりました。本震が来たと思った後でさらに大きな地震が起きたので、専門家も含めて非常に混乱しました。それについて少し述べておきましょう。

16年4月14日に熊本県益城《ましき》町で震度7の大地震が発生しました（図1-5）。突然、地面の下から激しい揺れがおそってくるという直下型地震で、地域を大混乱に陥れたのです。その後も地震が頻発し、熊本県東部だけでなくさらに北東にある大分県などまったく別の地域に飛び火しました。

震度7が立て続けに2回も起きるという前代未聞の地震で、災害関連死を含めると200名を超える犠牲者を出しました。さらに最初の震度7がマグニチュード6・5による地震、次の震度7がマグニチュード7・3による地震というように、後に発生した地震の規模のほうが大きいというのも、今まで例がなかった現象です。

というのは、直下型地震は最初の一撃がもっとも大きな揺れをもたらし、次の地震は最初のものより小さくなるという経験的な事実があるからです。

研究者は誰しもマグニチュード6・5の地震で震度7を記録したら、これ以上のものは来ないと思います。よって、気象庁も4月14日の地震を「本震」と発表したのですが、4月16日にマグニチュード7・3の地震が起きたため気象庁は非常に困りました。

いろいろ考えた末に気象庁は4月14日のマグニチュード6・5は「前震」、4月16日のマ

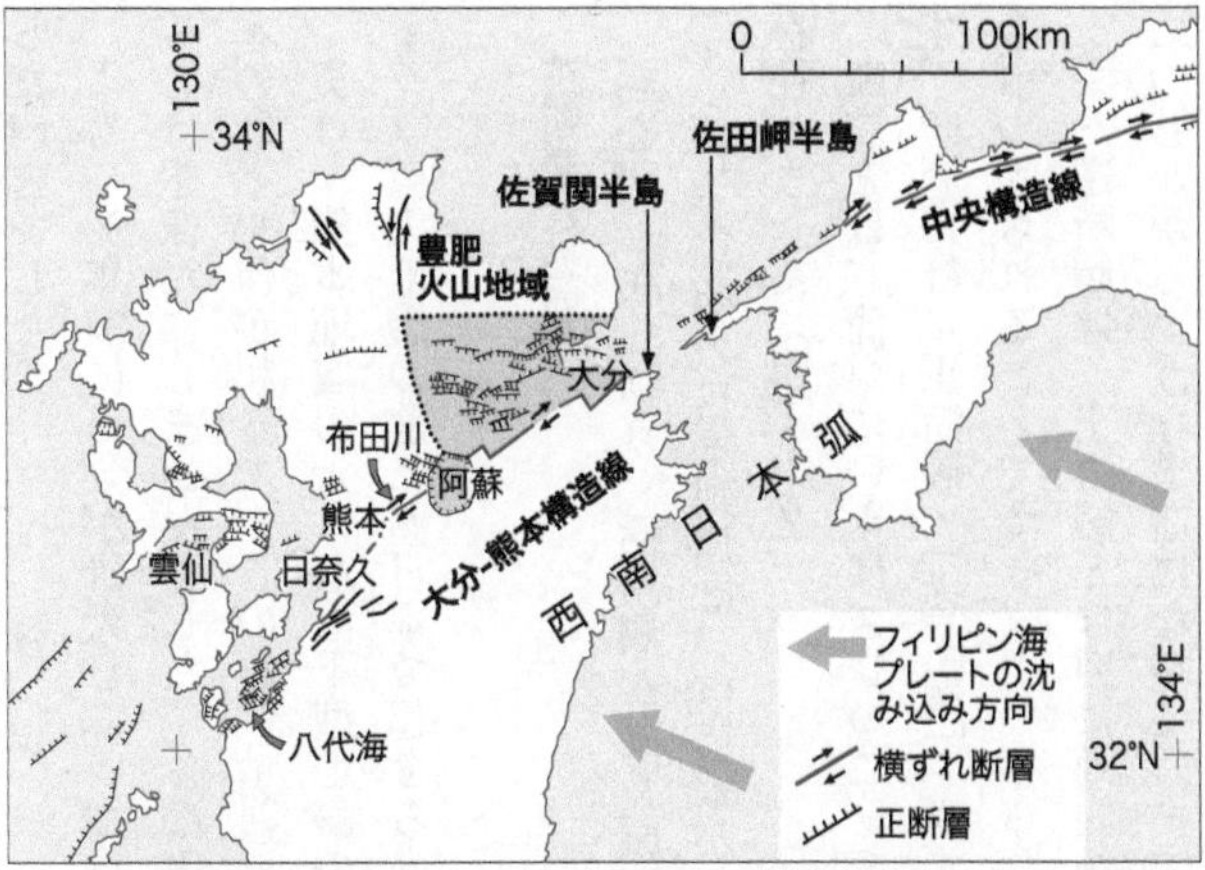

図1-5　豊肥火山地域の南に延びる大分－熊本構造線、その延長部である中央構造線

グニチュード7・3は「本震」と呼び替えましたが、こうしたことも前代未聞で混乱を招くことになりました。

その後、驚くべき展開が待っていました。私を含めた地球科学者の予想をはるかに超えて、大分県西部や中部などまったく別の場所に震源が展開していったのです。実は、その後も地震はさっぱり沈静化する気配がなく震度6弱の揺れが断続的に起こり、中部九州の全域に大揺れ状態が何か月も続きました。

この原因は後に、もっと大きな構造性の地殻変動であったことが分かりました。「豊肥《ほうひ》火山地域」と「大分－熊本構造線」という九州を横断する構造運動の一環であることが突き止められたのです（図1－5）。実は私が1987年に博士論文として東京大学に提出した内容でした。

よもや30年前に自分が研究していた豊肥火山地域の活動が、目の前で熊本地震として起きるとは想像だにしませんでした。ちなみに、このエピソードは熊本地震の後に刊行した『日本の地下で何が起きているのか』（岩波科学ライブラリー）でくわしく解説しています。

実は、熊本地震のような直下型地震の発生は、別の現象と関連しています。それは、南海トラフ巨大地震の前に西日本で起きる内陸地震の増加なのです。

正断層と逆断層

話を戻しましょう。活断層が動く原因について、もう少し詳しく述べたいと思います。「3・11」以前の日本列島は、東日本が太平洋プレートに押され、「逆断層」型の断層が多く存在しました（図1-6）。

断層とは、簡単にいえばズレのことですから、地盤と地盤のあいだに段差ができた状態です。断層には「正断層」「逆断層」「横ずれ断層」などがあります。正断層は、地面が両側から引っ張られることででき、引っ張られた断層がずり落ちています。

また逆断層は、正断層とは逆に両側から押される結果できるので、押された断層が反対側にのしかかるような構造になっています。太平洋プレートが押している東北地方には、逆断

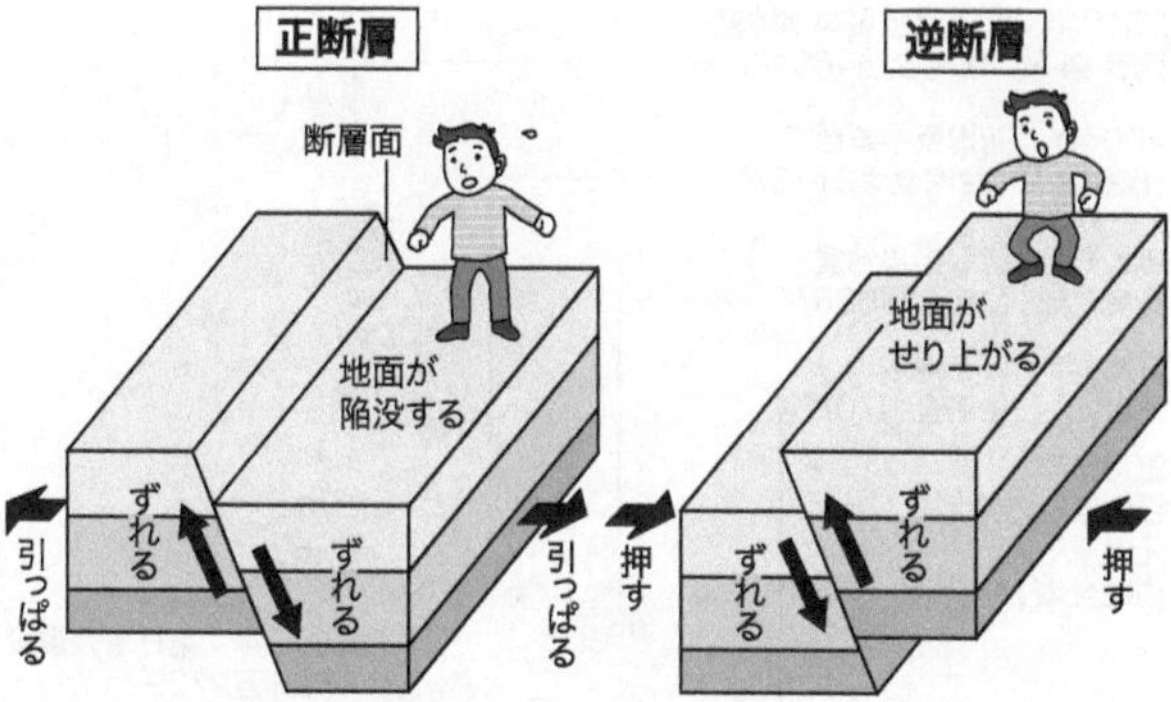

図1-6　2つのタイプの地震でできる断層のずれ

層が多くありました。

ところが、東日本大震災が起き、押されていた側に押し戻す格好になりました。その結果、今まで押されていた地面が引っ張られ、そこに正断層ができることになったのです。

逆断層だったものが正断層に切り替わろうとする動きがある、つまり断層が動いている、断層が動けば地震が発生する、というメカニズムが現在進行形で働いていることになります。

「3・11」により活断層の動きが活発化した結果、「3・11」以降に直下型地震が多く発生するようになりました。海の地震と陸の地震では仕組みが異なるのだから互いは無関係だ、ということはまったくありません。このタイプの地震は、海の震源域内部で起こる「余震」ではなく、新しく別の場所で「誘発」される地震なの

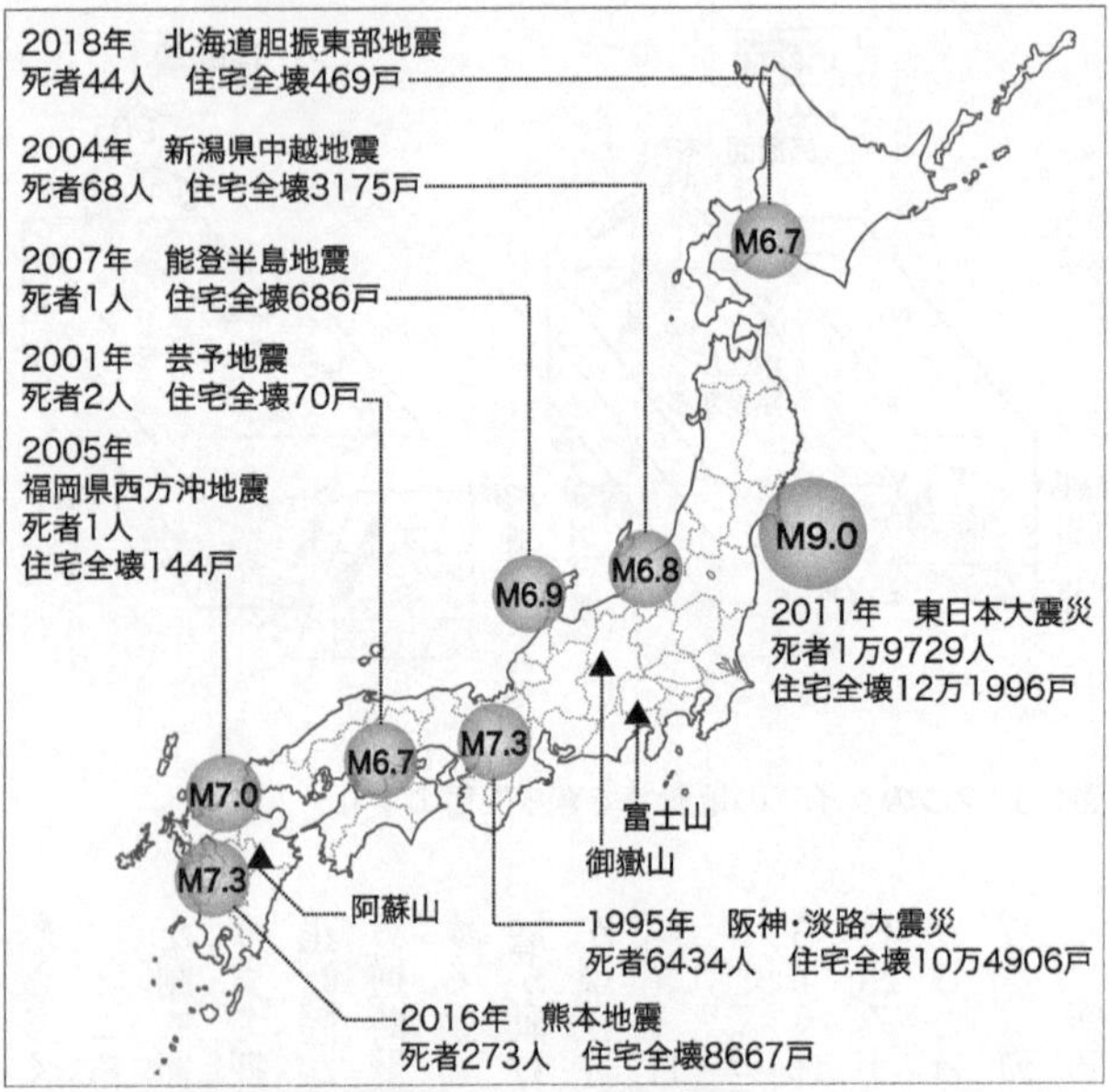

図1-7　過去30年間で犠牲者を出した大地震

です。

たとえば「3・11」の翌日、3月12日にはさっそく長野県でマグニチュード6・7の長野県北部地震が起きました。震源の深さが8㎞という浅い地震で、揺れは東北から関西にかけて広い範囲に及びました。

このときの震度は、長野県栄《さかえ》村で6強を記録し、のちに3人の方が災害関連死と認定されました。またこの地震は雪崩を誘発し、全壊した家屋も30棟以上に及びました。

さらに3月15日には、静岡県東部でマグニチュード6・4の地震（静岡県東部地震）があり、最大震度は6強を記録しました。亡くなった方はいませんでしたが、重軽傷者が50人。建物の一部損壊の被害が521棟ありました。

これらの地震は典型的な内陸型の直下型地震で、04年の新潟県中越《ちゅうえつ》地震や07年の新潟県中越沖地震と同じタイプです。そもそも地震の空白地帯とみなされていた福島県で、「3・11」以後は地震が頻発するようになっています。これらも誘発によって起きている地震だといえます。18年には北海道胆振東部地震が起き、北海道全土に及ぶ停電が発生しました（図1-7）。

海域で巨大な地震が発生した後、遠く離れた内陸部の活断層が活発化する例は、過去にも多く見られました。

たとえば、1944年に和歌山県新宮市沖でマグニチュード7・9の東南海地震が発生した1か月後の45年には、愛知県の内陸でマグニチュード6・8の三河《みかわ》地震が起きました。1896年には、三陸《さんりく》沖でマグニチュード8・2の明治三陸地震が発生した2か月半後に、秋田・岩手県境でマグニチュード7・2の陸羽《りくう》地震が起きました。

日本列島で地震が起きない場所はない

前述の通り活断層が動くことで起きる地震が陸の地震ですが、この活断層が、日本列島には実に2000も存在しています。

地学用語に「露頭《ろとう》」という言葉があります。露頭とは、地層や岩石が、目に見えるように露出している状態のことですが、活断層は露出している場所だけにあるわけではありません。活断層の多くは、地表に堆積《たいせき》した土の下に隠れており、見えないだけです。

2000もの活断層は具体的にどこにあるのでしょうか。もしどこかに固まっていればそこを避ければいい、と思うかもしれませんが、残念なことに偏在していません。いえ、日本国内で活断層がない場所はありません。

すなわち、日本列島のどこに行っても地震が起きない場所はないのです。これらの断層は何回も繰り返し動き、そのたびに地震が発生します。ただ、その周期が1000年から1万年に一度ほどなので、人間の尺度から見れば非常に長い、ということに過ぎません。

いまだに常識となっていませんが、日本で暮らす私たちは、活断層のない場所に逃げることができないのです。まずそのことを意識することが、防災への意識につながっていくはずです。

地球上では、断層が一度だけ動いて、あとはまったく動かない、ということはあり得ません。一度動いた断層は何千回も動くものであり、これが地球のルールです。つまり活断層が発見されたら、そこでは過去に何千回も地震が起きていたことを示しているのです。

また、過去に活発に動いてきた断層は、この先も頻繁に動く可能性があります。他方で、これまであまり動いてこなかった断層は、この先もあまり動くことはないと考えられます。研究者は、こうした特徴を一つひとつの断層ごとに調査しています。

活断層の見つけ方

ところで、研究者は活断層をどのようにして見つけているのでしょうか。

地上に地層が出ている「露頭」から活断層が見つかることもあります。これらは崖《がけ》などの地形に現れます。一方、断層が地下に隠れている場合は「伏在断層《ふくざいだんそう》」と呼ばれます。活断層を探すときのキーとなる露頭と伏在断層ですが、まず露頭の方から紹介しましょう。そもそも露頭はどこにあるのでしょうか。野山を歩き回ると、崖などに岩が露出しているのが見えます。また川の流れが曲がった淵《ふち》で同じように地層が現れています。これらが地下の情報を伝えてくれる露頭です。

こうした露頭に効率よく出会うために、研究者はまず、真上から撮影した空中写真で地形を詳しく判読する作業から始めます。断層は、直線状に岩盤を割るため、一直線に延びる崖として残されています。このような崖に沿って、活断層がまっすぐ走っています。

活断層の上を川が横切っている場合は、何本もの川がある線を境にして曲がっていたりします。たとえば、「横ずれ断層」によって、複数の川が同じ方向を向いて屈曲しているのです。このような屈曲地点を結ぶ線の地下に、一本の活断層が隠れている、というわけです。

以上のようなおおまかな情報を得た後に、次は実際に現場を歩きます。地層の縞《しま》模様がずれている箇所を観察し、地面がずれている証拠を見つけます。新しく堆積した地層を断ち切っている場所には、とくに多く活断層が見られます。ただし私たち地球科学の研究者が「新しく堆積した」というのは、およそ13万年前のことを指します。

一方で、隠れて埋もれた活断層である「伏在断層」を見つけることも大変重要です。これらは当然見えませんから、さまざまなデータから推測しなくてはなりません。私の経験からいえるのは、マグニチュード3以下の小さな地震が頻発する場所が直線状に連なっていると、その地下に伏在断層がある可能性がある、ということです。

また、地表で重力を精密に測定し、地下の岩盤で段差のある場所を見つける方法や、人工の地震を発生させて地震波の反射を観察することで、岩盤のずれを発見する方法もあります。ほかにも、地面を掘る（ボーリング）ことによって、岩盤のずれている場所と、ずれの量を確認することができます。地下に隠れた活断層は、こうした大掛かりな調査（物理探査といいます）によって発見されるのです。

日本に2000ある活断層のうち、とくに大きな地震災害を起こしてきた114本の活断層の動きに、国の「地震調査委員会」は注目してきました。地震調査委員会とは、政府の地震調査研究推進本部の中にあり、国内の地震学者が中心となり、地震に関する観測、測量、調査や研究を行っている組織です。

この地震調査委員会が調査しているもの以外にも、実は多くの活断層が存在しています。山野に隠れていた未知の活断層が直下型地震をもたらした例も少なくありません。たとえば、2000年の鳥取県西部地震（マグニチュード5・3）や08年の岩手・宮城内陸地震（マグニチュード7・2）がそれにあたります。これらは未知の活断層が動いたことにより生じました。

地震発生後に活断層が見つかったという報告は、珍しくありません。調査をすればするほど見つかってきます。その意味で、新しい活断層がどこで発見されても、またどこで直下型地震が起こっても、私はまったく驚きません。

今、住んでいるところに活断層があると報告されていないからといって、必ずしも安心できないことを知ってほしいと思います。

変動期は今後も続く

困ったことに、「逆断層」が「正断層」に切り替わろうとする動き（すなわち直下型地震）がどこで発生するのかは、非常に予測しづらいという特徴があります。ある日突発的に、活断層のある地域の岩盤の弱い部分が割れるのだ、ということしか言えません。無責任に思えるかもしれませんが、これが今の地球科学の限界です。

また直下型地震は震源が陸域にあり、かつ浅いところで起こるという特徴もあります。こうした地震の震源地は人の居住地と近いことが多いため、マグニチュードの大きさとは別に、発生直後から大きな揺れに襲われます。

阪神・淡路大震災のように、大都市近辺で短周期地震動をメインとした地震が発生した場合、逃げる時間がない、あるいは建造物倒壊などにより人命に関わる大災害となります。空き地がほとんどなく、ビルが密集したような都市では、レベルの大きい地震でなくても甚大な被害を招いてしまうのです。

陸域で誘発される地震が起こる場所としてもっとも心配されるのが、東京を含む首都圏です。首都圏も、東北地方と同じ北米プレート上に位置しているため、活発化した内陸型地震が起こる可能性は十分にあります。

過去の例としては、1855年に東京湾北部から江東区付近でマグニチュード7程度の安《あん》

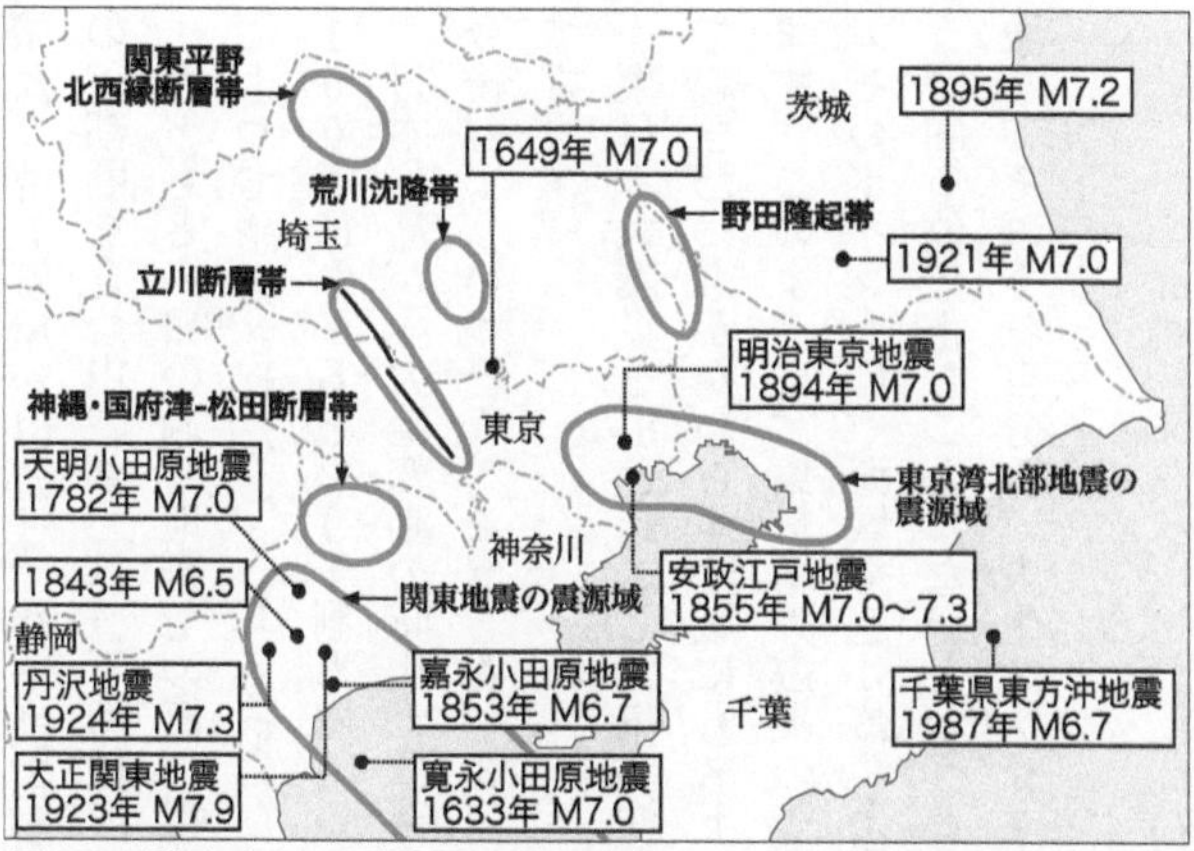

図1-8　関東南部の活断層と過去に起きた大地震の震源。Mはマグニチュード

政江戸《せいえど》地震が発生し、7000人超の死者が出ました（図1－8）。最近では2005年7月にマグニチュード6・0の直下型地震が発生して、激しい揺れに襲われた首都圏東部で電車が5時間以上ストップしたことを覚えている人も多いでしょう。

また2021年10月にも千葉県北西部を震源とするマグニチュード5・9の地震が発生し、東京で震度5強を記録。電車が最大7時間以上止まり、日暮里《にっぽり》・舎人《とねり》ライナーという新交通システムで脱輪が発生するなど、被害が出ました。

国の機関である「中央防災会議」は、首都圏でマグニチュード7・3の直下型地震が発生したケースにおける被害を予測しています。それによれば、死者が1万1000人、全壊及び焼失家屋が61万棟、経済被害が95兆円です。「3・11」の影響により、実際に東日本の首都圏を含む内陸部では直下型地震の発生確率が高まったと考えたほうがいいでしょう。

もともと人口の過密地帯での直下型地震は、非常に危険な地震です。しかも東日本大震災によって誘発されたこうした変動が、今後も約30年は続くと見られ、変動期が収まるまで100年はかかるという予測も出ています。

日本列島が「大地変動の時代」に突入したことは、地球科学上の事実なのです。よって、今後もよりいっそう、こうした「3・11」の影響下にある直下型地震への警戒が必要になってきます。

東日本大震災を引き起こした東北沖の震源域では、現在も余震が続いています。また、海で起きたにもかかわらず陸域にもストレスを残し、至るところで直下型地震が誘発されています。このように、東日本大震災の後遺症は30年たっても終息しません。

そのポイントは、海域で起こる「余震」と陸域で起こる「誘発地震」は、今後数十年という時間単位で止むことはないということです。したがって私たちはこのような地震の頻発現象を、それぞれ自分の「人生スケジュール」にも入れておく必要があるのです。

第二章
2035年±5年、南海トラフ巨大地震の激甚さ

「噴火スタンバイ状態」にある伊豆大島・三原山の巨大な噴火口

周期性からの予測

前章で述べたように、残念ながら日本列島の地殻は変動期に入っています。とりわけ近い将来に起こると危険視されている激甚災害の筆頭は、2035年±5年のあいだに発生が予測される「南海トラフ巨大地震」です。今から早ければ数年〜十数年後には起きる、ということです。

驚くべきことに、その災害規模は東日本大震災の実に10倍である、との想定がなされています。気象庁による震度階級では最大の震度7の揺れが、西は宮崎県から東は本州の静岡県までを襲い、しかも大きな揺れだけでなく、巨大な津波が発生すると予測されているのです。津波は高知県の沿岸で34m、静岡県で33m、和歌山県では20mの高さになるだろう、といわれます。東日本大震災では、一番高い津波で16・7mでしたから、その高さを大きく超える巨大津波がやって来るのです。

予測が現実となれば、太平洋ベルト地帯に甚大な被害が及び、日本の経済も社会も壊滅的な打撃を受けるのは間違いありません。

ところで、なぜこのような予測ができるかについて考えたことはありますか。この章ではそのことについて、現在、私たち研究者が根拠としていることについて示しながら述べたいと思います。

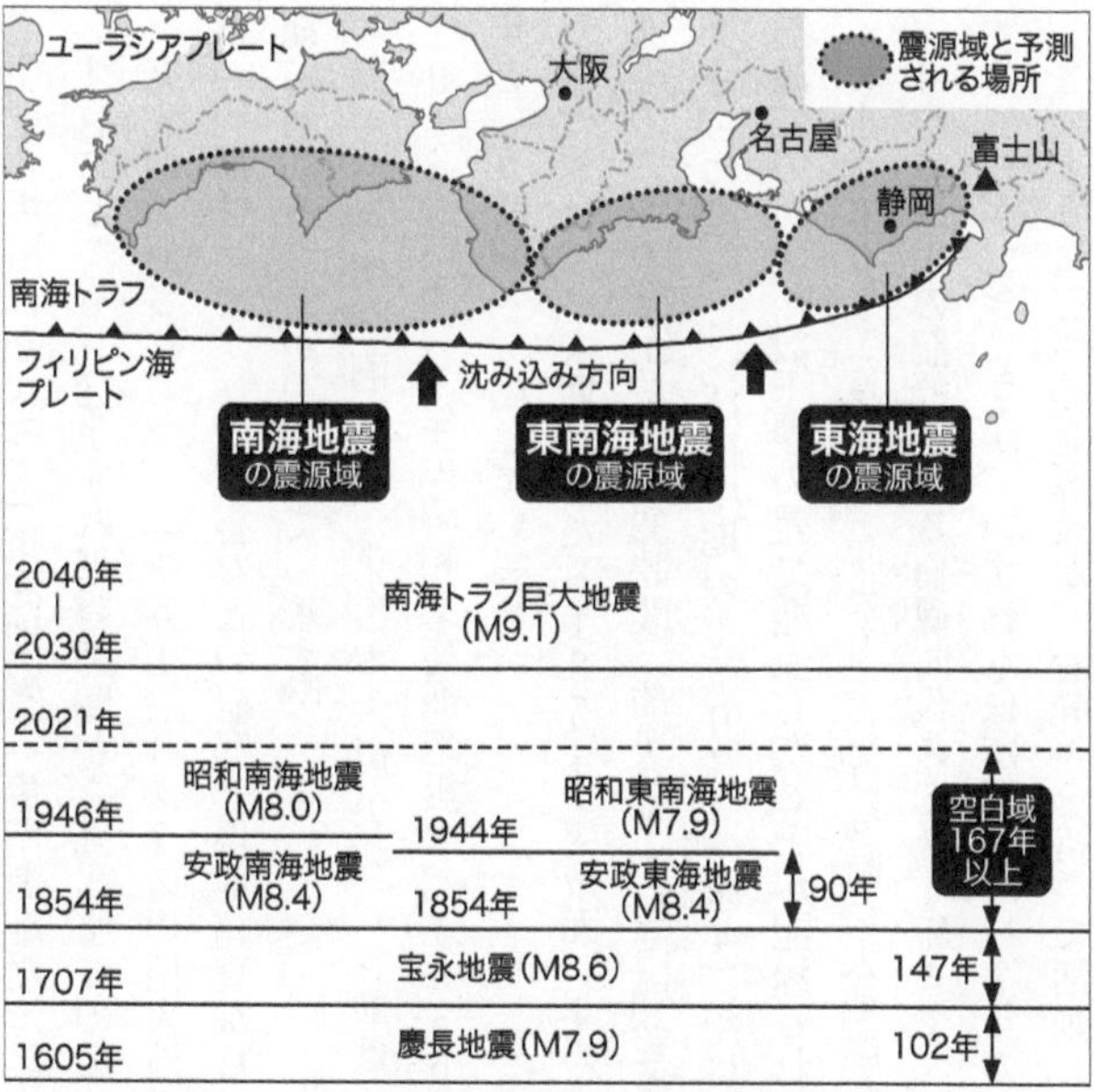

図2-1　南海トラフ巨大地震の震源域と発生の歴史

南海トラフ巨大地震は「海の地震」です。南海トラフとは、静岡沖の駿河《するが》湾から九州の日向《ひゅうが》灘《なだ》沖までの広い範囲に存在する海底地形で、南からフィリピン海プレートが西日本に押し寄せてきて無理やり沈み込んでいるためにできた海底の窪《くぼ》みです（図２－１）。

この窪みに沿って、海底にひろがる広大な領域が、「地震の巣」ともいえる震源域です。震源域は東西にわたって７００㎞の広大な範囲に及び、３つの区間に分かれています。大地震の発生する場所にちなみ、「東海地震」「東南海地震」「南海地震」という名前で分類されます。いずれにしても、発生すれば首都圏から九州までの広範囲に被害が及ぶでしょう。

発生が予測されるマグニチュード8クラスの巨大地震には、大きな特徴があります。それは「周期性」です。古文書などの研究と現地調査から、90年から１５０年に一度くらいの周期で起こることが判明しています。

過去の事例を遡《さかのぼ》ると、東日本大震災の一つ前は、第二次大戦終結前後に発生した、１９４４（昭和19）年の昭和東南海地震と、１９４６（昭和21）年の昭和南海地震です。２年という時間差で起きています。

その前は、幕末期にあたる１８５４（安政元）年の大地震です。その際は東海地震と南海地震の二つの発生域で、32時間（約1日半）の時間差を挟んで起こりました。

さらに遡ると、江戸中期の１７０７（宝永《ほうえい》4）年に、「東海」「東南海」「南海」の三つの震源域でわずか数十秒の差で発生したことが記録されています。

また１６０５（慶長《けいちょう》9）年にも、ほぼ同時に大地震が発生したことがわかっています。ほかに最古の記録が残る白鳳《はくほう》時代の６８４年まで、過去6回の南海トラフ巨大地震を確認することができますが、いずれもほぼ同時から2年のあいだに発生しました。

このように三つの震源域が、時間差を持って活動していることがわかりますが、発生の順番についても明らかになっています。

最初が名古屋沖の「東海地震」、次が静岡沖の「東南海地震」、最後が四国沖の「南海地震」という順です。ただ、先述のように発生の時間差は数十秒から2年までありますから、時間差はまちまちであることには注意しなければなりません。

さらに、約100年おきに起きる巨大地震のなかで、3回に1回は、より巨大な地震が起きることが知られています。それは「超巨大地震」と呼ぶべきスケールで、宝永地震と、それから346年遡る1361年に発生した正平《しょうへい》地震が、この超巨大地震にあたります。

心配なのは、次に起こる日本列島の地震が、まさにこの3回に1回やって来る巨大地震だと予測されていることです。つまり私たちを、「東南海」「東海」「南海」の3つが連動する「連動型地震」になるというシナリオが待っているかもしれないのです。

なぜ2030年~40年の発生を予測できるのか

次に、南海トラフ巨大地震において、なぜ発生する時期が予測できるかを説明したいと思います。これも、過去の地震データの検証を根拠にしています。

1946年の南海地震が起きたときに、太平洋側の地盤が規則的に上下するという現象があり、研究者はそこに注目しました。地震後、土地の上下変動の大きさを調べた結果、地震で土地が隆起した高さが大きいほど、次の地震が来るまでの時間が長い、という規則性に気づいたのです。

ほかにも、高知県のある漁港のデータがあります。室戸岬《むろとみさき》の北西に位置する室津《むろつ》港のデータでは、1707年の宝永地震では土地が1・8m隆起しました。それから約150年後の1854年に起きた安政地震では1・2m、1946年の昭和南海地震で隆起した高さは1・15mでした（図2-2）。

こうしたデータからわかるのは、南海地震の後に地盤沈下がゆっくり始まり、港が次第に深くなっていった、ということです。そして南海地震が一度発生すると、大きく土地が隆起し、港の水深も浅くなってしまうため、漁の船が出入りできなくなりました。

室津の人々は、このようなことを経験的に知っていたので、江戸時代から港の水深を測る習慣がつきました。記録が残っていたのは、そのためです。漁師たちにとって生きるための知恵が、現代の地震学に貴重な資料をもたらしてくれました。

さて、南海地震は海溝型地震と呼ばれる「海の地震」ですが、この地震後に土地が隆起することを「リバウンド隆起」と呼んでいます。昭和南海地震のリバウンド隆起は1・15mでした。そのデータから予測して得られたのが、次の南海地震の発生時期、つまり2035年ごろなのです。

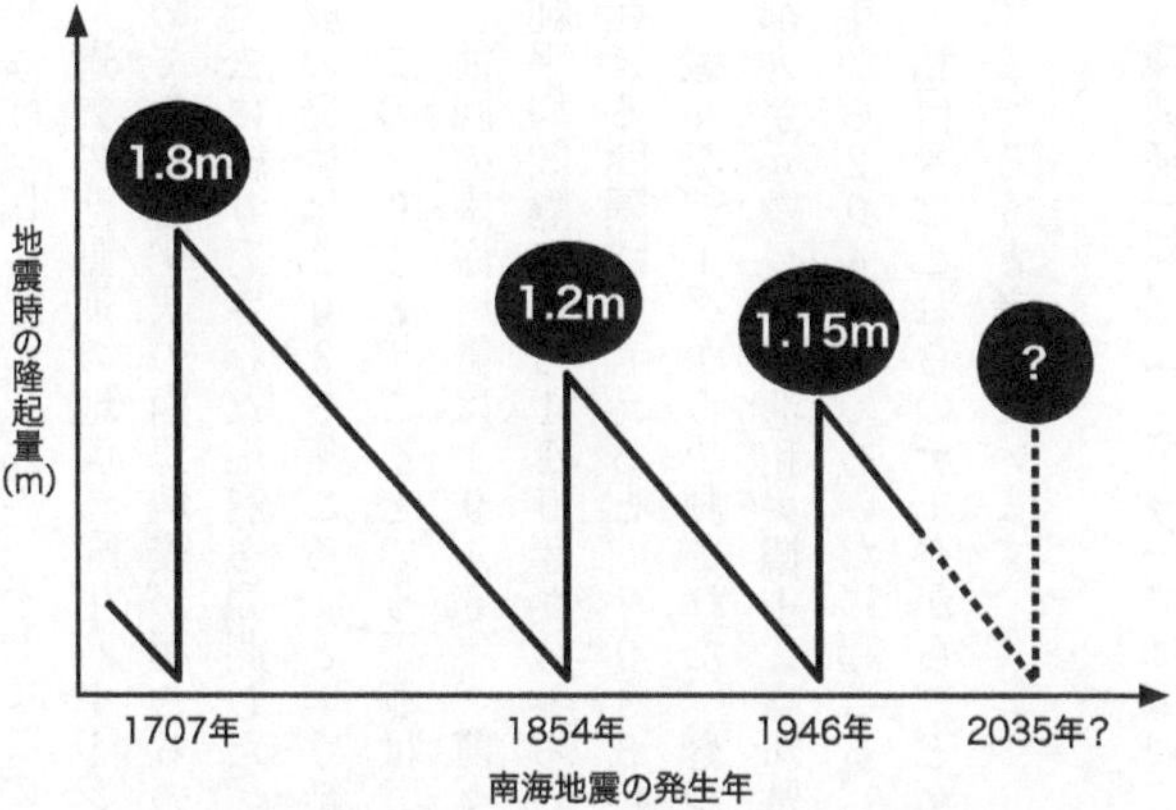

図2-2　南海地震の発生年と室津港で観測された地震時の隆起量

予測の根拠となるのは、もちろんこのデータのみではありません。地震の活動期と静穏期の周期から次の地震の発生時期を推定する方法も用います。活動期と静穏期についての研究によると、西日本では活動期と静穏期が交互に訪れることがわかっていて、現在は活動期に入っているのです。

１９９５年に起きた阪神・淡路大震災は、正式には「兵庫県南部地震」と呼ばれ、この地震も現在の西日本が活動期に入っていることの証左です。

西日本では、南海地震発生の40年くらい前から発生後10年ぐらいの間に、内陸の活断層が動き、地震発生回数が多くなるというデータがあります。確かに、阪神・淡路大震災（１９９５年）の発生後に犠牲者を出した地震が頻発しています（図１−７を参照）。そしてこのデータも、南海地震の予測に利用されているのです。

過去の活動期の地震の発生パターンを統計学的に処理して最近の地震活動データにあてはめてみると、次の南海地震が起こるのは２０３０年代後半という予測が出ました。さらに、過去に繰り返された地震を観測した、地震活動の統計モデルから予測したところ、次の大地震の発生は２０３８年ごろ、という結果が出ました。

この２０３８年ごろという予測は、妥当な時期と考えられます。

前回の南海地震は１９４６年、前々回は１８５４年です。その間は92年で、南海地震の単純平均間隔である１１０年からみると短いですが、この92年という時間を軽視せず、最短で起きる間隔だと考えると、２０３８年となります。他の予測結果とも一致しています。

様々なデータから予測された、もっとも近い南海地震の発生時期が２０３０年代です。京都大学元総長の尾《お》池《いけ》和夫《かずお》博士（高知県出身で現・静岡県立大学学長）も、南海地震は２０３０年から２０４０年のあいだに起こる、と予測しています。

私自身はこれらのデータから、どんなに遅くとも２０５０年までには次の巨大地震が発生するだろうと考えています。

津波は「ビッグウェーブ」ではない

南海トラフ巨大地震は、マグニチュード9クラスの地震エネルギーを発生させ、震度7の揺れが九州から静岡周辺までを襲います。その結果、巨大な津波も発生します。東日本大震災で生じた大きな被害が、揺れよりも津波によるものだったことを知っている人も多いかもしれません。

そもそも、津波はなぜ起きるのでしょうか。また、サーファーが憧《あこが》れるビッグウェーブとどう違うのでしょうか。

津波とは、大きな地震で海底の広い面積が急激に隆起することによって、その場所の海水が押し上げられ、そのまま上昇して海面を大きく盛り上げる状態のことです。この大きな盛り上がりが、そのまま、水の塊となって水平方向に広がっていきます。

しかも津波の速度は、水深が深い場所ほど速まります。水深２０００ｍの場所では時速約５００㎞と、飛行機並みの速度で進みます。水深２００ｍでも時速１６０㎞と、高速特急並みです。

そして水深10ｍでは、東日本大震災のニュース映像で見たような速度となります。沖合に比べたらスピードは遅くなりますが、時速40㎞と自動車並みの速さです。よって、津波を見てからではオリンピック選手でも逃げることは不可能です。

津波は、海水が塊のままに沿岸に向かいます。塊の前にある海水に乗りかかるように高さを増していきますが、さらに厄介なのは入江や湾、また東北太平洋岸特有のリアス式海岸など、入口が狭い湾では急激に高さを増し、被害を大きくすることです。

人間が歩く速度よりずっと速いですし、風や海流によって起きる波とは、性質がまったく違います。

お風呂《ふろ》で手のひらを上にして水面から20㎝ほど沈めて、勢いよく上に動かしたり、さらに沈めたりしてみてください。水面が盛り上がる様子がわかるはずです。これが津波の原理です。

南海トラフ巨大地震においては、津波の高さだけでなく、到達時間にも恐ろしいものがあります。東日本大震災では大津波警報が出たりしていましたが、人々が津波発生を知らされてから到達まで、30分から小一時間ありました。

ところが南海トラフ巨大地震では、早いところでは発生から到達までが2～3分だと予測されています。警報が正確に発報されたとしてもわずか2～3分です。これでは逃げるのにも限界があるでしょう。高台までの距離が遠い地域では、津波タワーが作られたりしていますが、そこをのぼり切る前に津波が到達してしまう可能性も高いと考えます。

「3・11」とは桁違いの被害が

予想される南海トラフ巨大地震では、九州から関東までの広大な範囲にわたって、震度6弱以上の大きな揺れをもたらし、震度7を観測する地域は10県、151市区町村に及びます（図2－3）。

また、東日本大震災では犠牲者の数が約2万人でしたが、南海トラフ巨大地震では、犠牲者数が約32万人、全壊や焼失する建物は239万棟、津波が原因で浸水する面積は約1000㎢になると想定されています。産業・経済の中心地域も大きな被害を受けるでしょう。

つまり、諸方面にわたる被害の数値が東日本大震災よりも一桁《ひとけた》多い災害になり、日本の人口の半数近くである約6000万人が深刻な影響を受けると考えられます。

経済被害額についての試算も出ています。東日本大震災での経済被害は20兆円でしたが、南海トラフ巨大地震では220兆円を超えるといいます。220兆円とは、日本政府の1年間の租税収入の約4倍の金額ですが、学者によってはこの220兆円でさえ、見積もりとしては「甘い」と言う人もいるほどです。

しかも、土木学会の試算によれば、インフラへの被害が災害後20年は続くとされ、それらの損害を積算すると1410兆円になるといいます。

いずれも東日本大震災と比べても桁違いに大きな被害予想ですが、発生から10年以上が経っても、東日本大震災からの復興事業は遅々としており、被災者の方々は今もなお苦労されています。そうなると南海トラフ巨大地震が起きたあとの復興は、いったいどのくらいかかるのでしょう。

この大災害が最短で10年以内に起こるという事態を皆さんはどこまで意識しているでしょうか。自分の問題として意識できているでしょうか。

そのことを私は最終講義でも強調しました。読者の皆さんもこの書籍を機に、我が身に起こる出来事として準備をしてください。防災バッグを用意するのはもちろんですが、それだけで満足してほしくありません。どのように「生き延びるのか」を真剣に考えてほしいのです。

未来に対してきちんと準備をしている人、家族、コミュニティは生き残れます。そうしてはじめて、この国も生き残れるのです。

近い将来に起こると考えられる大地震は、南海トラフ巨大地震だけではありません。第一章でも少し触れましたが、「首都直下地震」もその発生が大いに危険視されています。日本の全人口の約3割が集中している地域が、東京を中心にした埼玉、千葉、神奈川の1都3県です。「首都直下地震」とは、主にその1都3県の直下を震源とします。

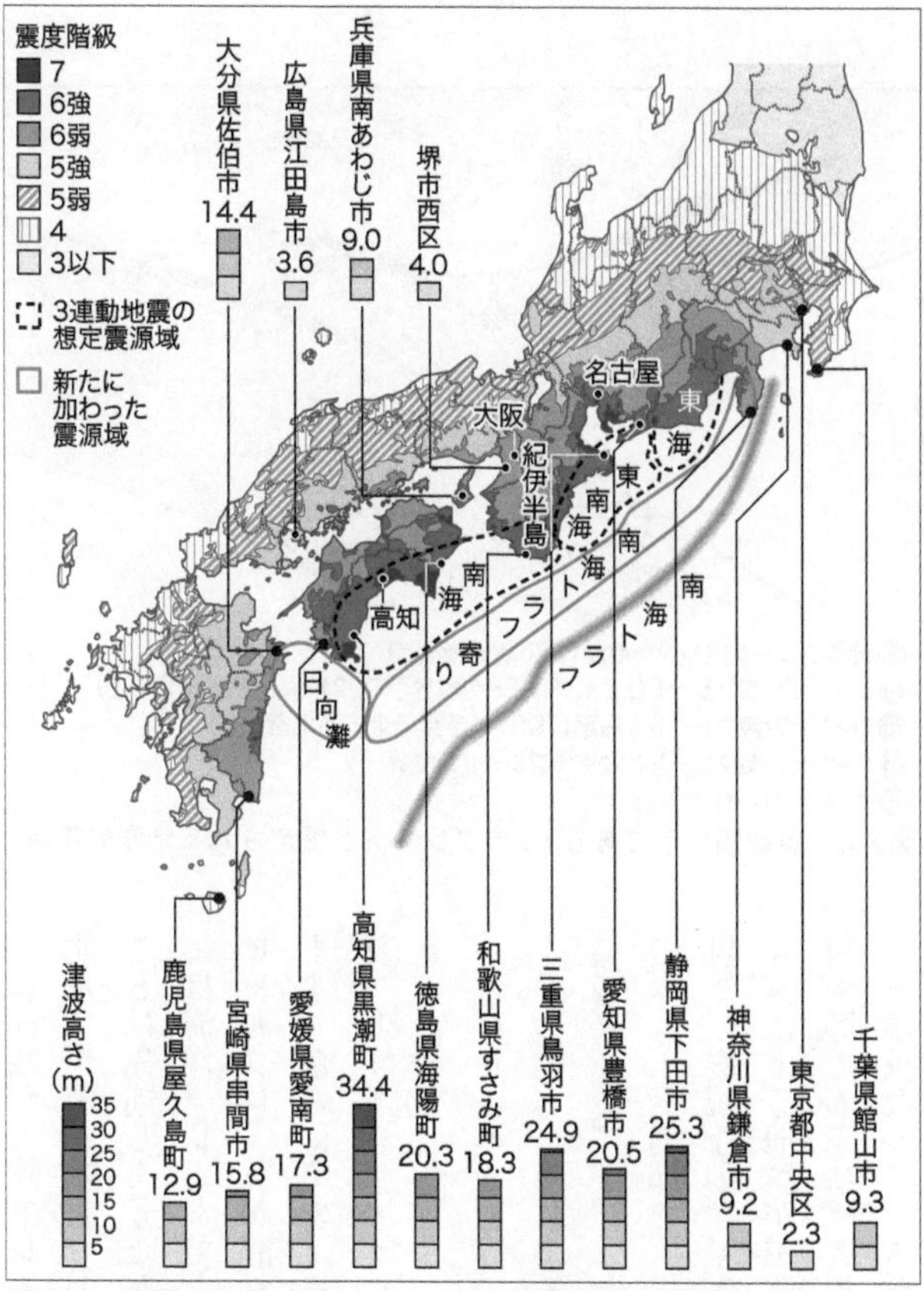

図2-3　予想される南海トラフ巨大地震の最大震度と最大津波高
（出典　内閣府資料）

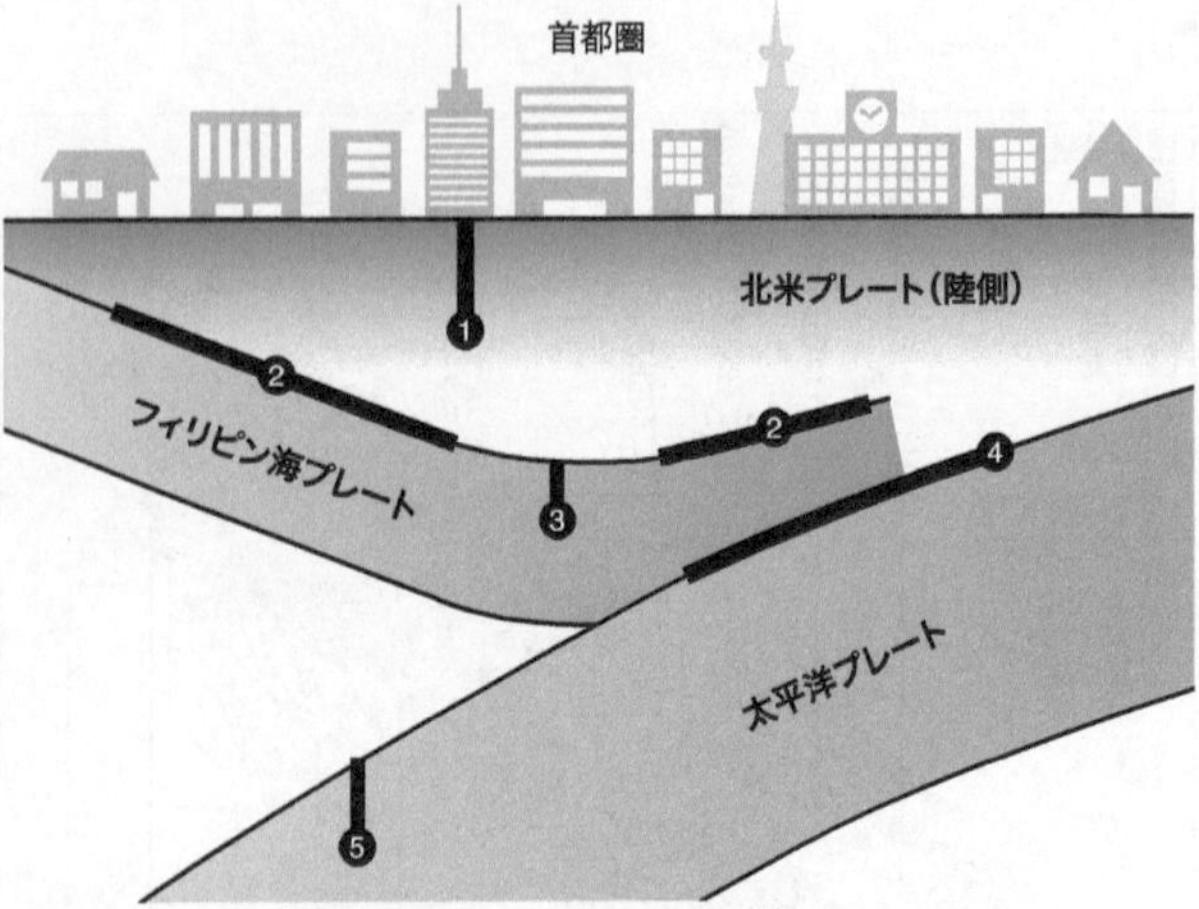

❶陸側プレート内の浅い地震（立川断層帯など）
❷フィリピン海プレートと北米プレートの境界（1923年大正関東地震など）
❸フィリピン海プレートの内部（1987年千葉県東方沖地震など）
❹フィリピン海プレートと太平洋プレートの境界
❺太平洋プレートの内部

図2-4　首都圏地下にある3つのプレートと想定される地震の震源

首都圏が大陸プレートである北米プレートの上にのっていることは先述しましたが、その下には海洋プレートであるフィリピン海プレートが潜り込んでいます。さらにその下にも、太平洋プレートが潜っています（図2－4）。

各プレートの境界では、プレートの沈み込みによる海の地震（海溝型地震）が、またそれぞれのプレート内部では、プレート自体の複雑な動きで生まれるひずみによる地震が想定されます。

首都圏の直下には3枚ものプレートが重なっているため、それだけ予想される震源の数も多くなるのです。

東京近辺に限ると、過去400年間にマグニチュード8規模の巨大地震が、2回起きています。一度目が1703年の元禄《げんろく》地震で、死者は1万人以上にのぼったという記録が残っています。これはフィリピン海プレートと北米プレートの境界にある相模トラフで起きた海の地震であり、推定されるマグニチュードは最大8・5です。

二度目が1923年に起こった関東大震災（大正関東地震、図2－4）です。これも相模トラフで起きた海の地震であることはすでに述べた通りですが、マグニチュードは7・9で、10万人以上の死者を出しました。

マグニチュード7クラスにも用心を

政府の中央防災会議は、元禄型の関東地震は2000～3000年に1回程度の間隔で、また関東大震災型の関東地震は200～400年に1回程度の間隔で発生すると予測しています。すると次の関東大震災型の地震は、2120～2320年の間に起こると考えられます。

ただ、見逃してはならないことがあります。元禄地震と関東大震災の2つの巨大地震の前には、少しだけ規模の小さいマグニチュード7クラスの地震がいくつも発生していることです。たとえば関東大震災の約70年前である1855年には安政江戸地震が起きています（マグニチュード7程度）。7000人以上の死者が出た、東京湾北部を震源とした直下型地震です。

このような例から、マグニチュード8クラスの巨大地震の前にも、マグニチュード7クラスの直下型地震が起こることが十分にあり得ます。その確率は今後30年間に約70％であると、中央防災会議は予測しています。

中央防災会議は、首都圏に発生する可能性のあるマグニチュード7クラスの地震をシミュレートし、19のタイプに分けました。これらは被害を予測する目的でつくられ、どれかが必ず起こるというものではありません。現実には、首都圏ではどこで直下型地震が起きてもおかしくありません。

なかでももっとも被害が甚大になると予測されるのは、都心南部直下で、フィリピン海プレート内に震源が想定されたマグニチュード7・3の地震によるものです（図2－5）。

震度7とは、テレビやピアノが壁にぶつかり、人は動くことができないほどの揺れです。もっとも心配されるのは、建物の倒壊です。日本の建築物の耐震性は、1981年の建築基準法改正によって大きく向上したものの、それ以前に建てられた建造物は、60％以上が震度7では全壊すると推定されています。

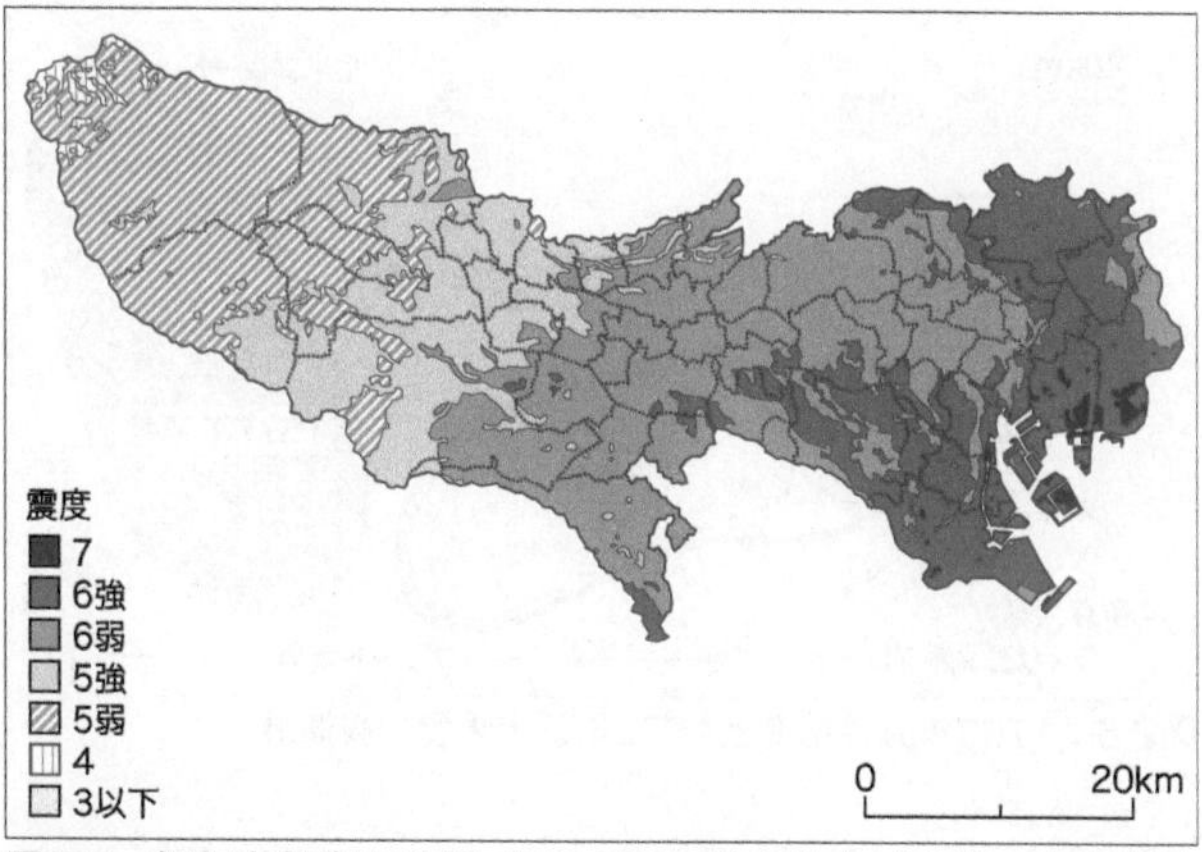

図2-5　都心南部直下地震（M7.3）の震度分布（出典　東京都防災会議地震部会）

また、家屋の焼失と全壊が最大で約61万棟、火災や建造物の倒壊による死者が最大で約2万3000人となり、地震発生直後には都区部の約半分で断水と停電が起こると考えられます。さらに交通機関では、地下鉄で1週間、JRや私鉄で1か月ほどの運行停止が、主要道路でも1～2日は通行不能状態に陥ることが予想されています。

新たな不安要素と津波

新たな不安材料も見つかっています。相模トラフを震源とする関東大震災型の地震は約200～400年に1回程度の間隔で起きていると述べました。現在は関東大震災から約100年しか経過していないので、発生するとしても今後約100年はないだろう、と考

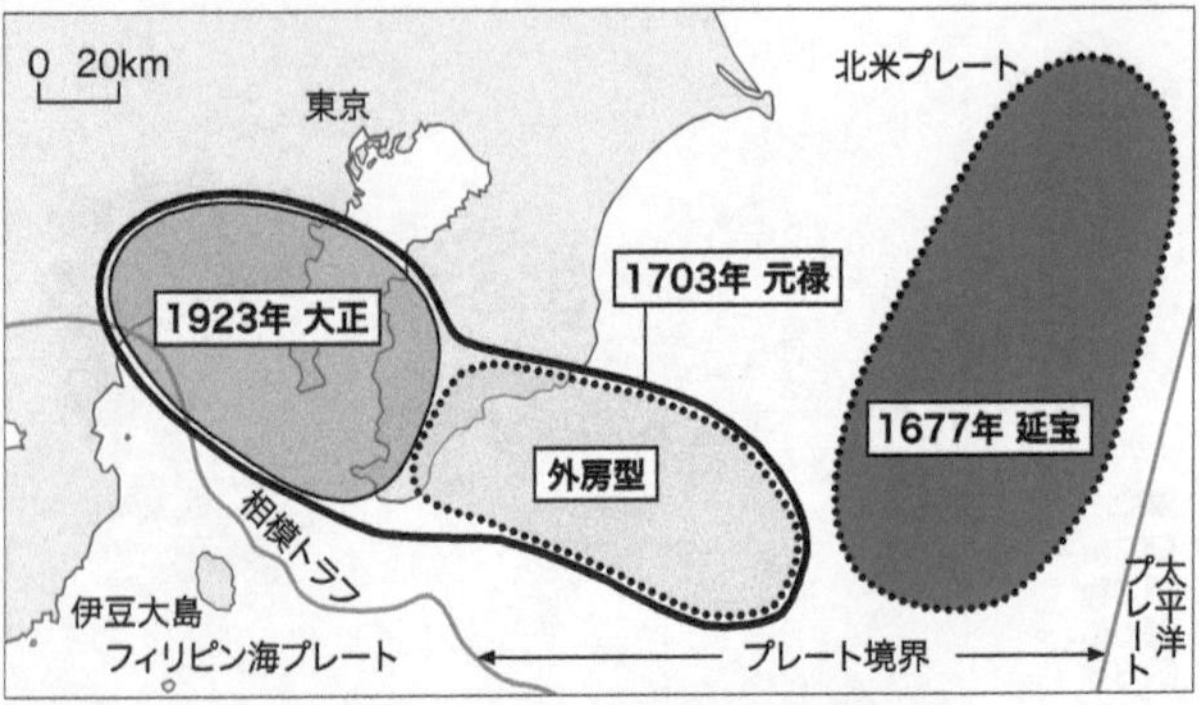

図2-6　1703年元禄地震と1677年延宝地震の震源域

えられてきました。

ところが最近の研究によって、元禄地震の震源域は関東大震災よりもかなり広く、房総《ぼうそう》半島東側の沖合にも及んでいたことが判明したのです（図2－6）。

関東大震災では、そのうちの西側半分しか地盤が崩れませんでした。つまり、残りの東側半分は、今後割れる可能性があり、近い将来の震源となることが十分予測されるのです。それが「いつ」なのか、詳しい予測はまだできていませんが、「あと100年は大丈夫だ」とは言っていられなくなりました。

もう一つ、相模トラフを震源とする海の地震の特徴として、揺れのみならず津波を引き起こすことも念頭に置かないわけにはいきません。実際に元禄地震のときは、鎌倉に高さ8m、品川《しながわ》に高さ2mの津波が押し寄せました。

東京には、海水面よりも地面が低くなっている「ゼロm地帯」が多いこともあり、津波に襲われた際の被害は広範囲に及ぶ恐れがあります。

具体的には、高さ2mの津波でも海岸から約20㎞まで、高さ6mなら約40㎞まで水没する地域があると予想されます。また都心の地下には地下鉄の線路が張り巡らされているので、地下が浸水した場合の被害は甚大になるでしょう。

図2-7　阪神・淡路大震災の液状化現象（著者撮影）

東日本大震災のときには、東京東部の低地や埋め立て地等の地盤の比較的ゆるい土地で、泥水が噴き上がって地盤沈下する「液状化現象」が見られました。

通常ならば地盤は、砂粒が嚙《か》み合って、その間を水が満たしているので安定しています。ところが地震で強く揺さぶられたために砂粒の嚙み合いが外れ、水と砂粒がバラバラになってしまい、両方が混じった水が噴き出してしまいました（図2－7）。

それにより地盤沈下が起き、マンホールが浮き上がったり家屋が傾いたり、傾斜地に建っていた建造物が数十mずり落ちたりするなどの被害が生じたことは、

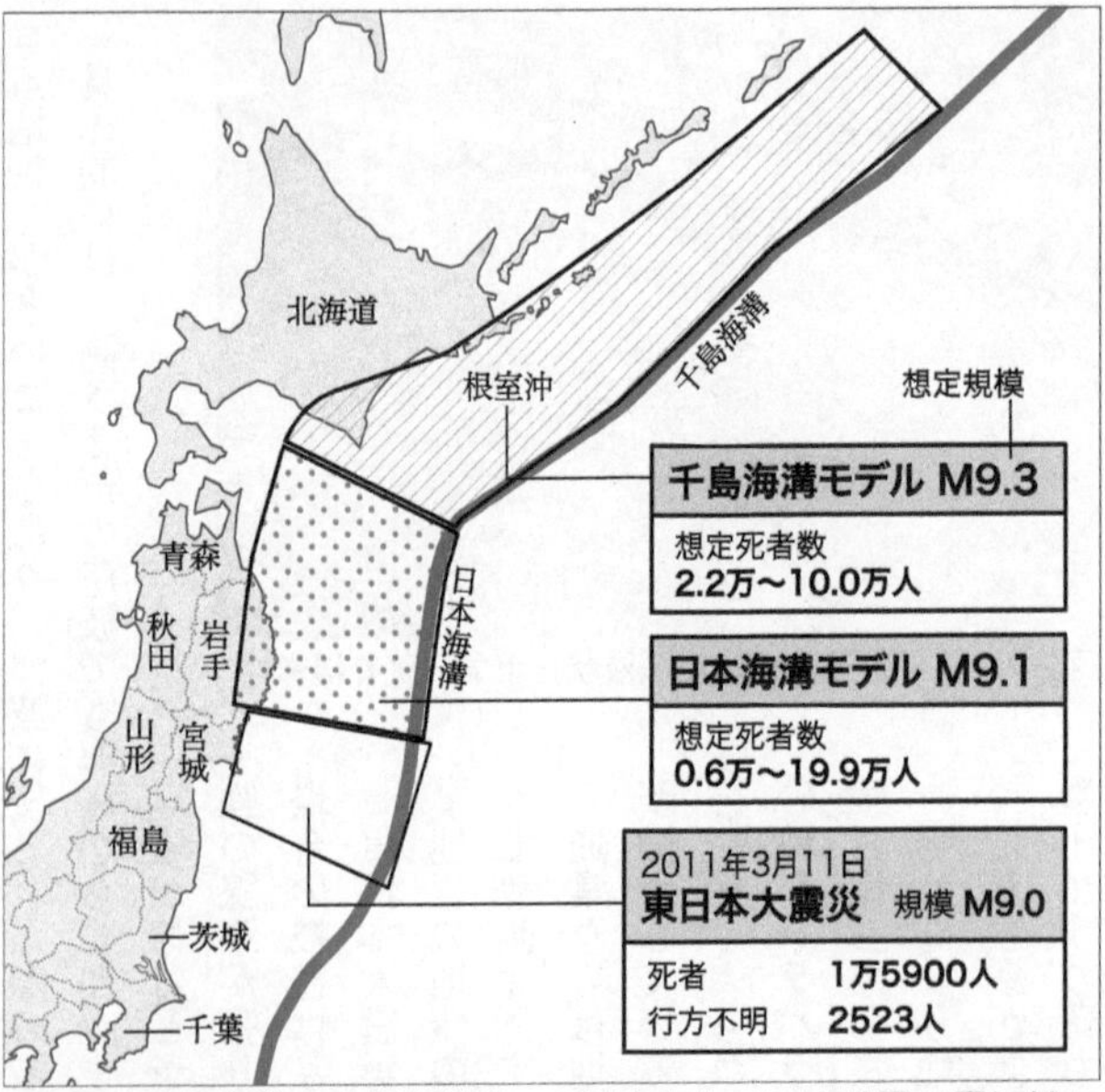

図2-8　日本海溝・千島海溝沿いで想定される巨大地震の震源域と被害の想定（出典　内閣府）

記憶に新しいでしょう。

根室沖巨大地震にも注意を

南海トラフ巨大地震や首都直下地震以外にも、近い将来に起こる地震災害に関して見落とせない地域があります。北海道です。

日本海溝や南海トラフ、相模トラフ以外にも、日本列島周辺にはさまざまな海溝やトラフがあります。それらを震源とする大地震の可能性が指摘されますが、なかでも確率が高いと言われるのが「千《ち》島《しま》海溝」付近の北海道東部沖合

（根室《ねむろ》沖）です（図2－8）。

「3・11」を引き起こした直接の地震である東北地方太平洋沖地震は、震源が日本海溝にあることは第一章で述べました。この地震が巨大となった原因として、アスペリティという概念があることが知られています。

アスペリティとは、二つのプレートが特に強力に密着している部分のことです。それらの部分は、密着度が大きいため割れたり崩れたりすることは少ないのですが、だからこそ崩壊したときの衝撃はきわめて大きくなります。東北地方太平洋沖地震では、複数のアスペリティが連続して崩壊したことが、地震を巨大にした原因だと考えられています。

アスペリティは、国土地理院の人工衛星による汎《はん》地球測位システム（GPS）の調査によって存在が確認されていました。「3・11」が発生する前のことです。また、地震発生が予測される南海トラフ（とくに南海震源域）にも強力なアスペリティがあることがわかっています。

東北沖や南海震源域にも匹敵するアスペリティがあると確認されたのが、北海道根室沖の千島海溝（日本海溝のすぐ北）です。このアスペリティを原因として、マグニチュード9規模の巨大地震が発生する可能性も高いのです。

第三章

20の火山がスタンバイ状態

野外で火山噴出物を手に取りながら学生たちへ指導。熊本県小国町鍋ヶ滝の阿蘇-4火砕流堆積物。滝の下をくぐって採取した岩石をルーペで観察中

巨大地震の後には噴火が

東日本大震災以降に断層が変化したことで、直下型地震が多発しており、それは大震災が日本列島にもたらした影響であること、また、甚大な被害が予測される地震について述べてきました。

東日本大震災の影響としてもう一つお伝えしなくてはいけないのが、火山です。

「3・11」のような海溝型の巨大地震が発生した場合、数か月から数年以内に、活火山の噴火を誘発することがあります。原因として考えられているのは、地盤にかかる圧力が変化した結果、マグマの動きが活発化する、というものです（後に詳述）。

20世紀以降に、マグニチュード9規模の地震は世界で8回ほど起きていますが、そのほとんどで、遅くとも地震の数年〜十数年後までに震源域にある近くの活火山が大噴火しています。

たとえば1952年にロシア・カムチャツカ半島で起きたマグニチュード9・0の地震の翌日には、クラスノヤルスク地方に位置するカルピンスキ火山が噴火しました。それだけでなく、3か月以内に2つの火山が、さらに3年後にはカムチャツカ半島にあるベズイミアニ火山が1000年ぶりに大噴火しました（図3－1）。

57年に起きたマグニチュード9・1のアリューシャン地震では、その4日後にアリューシ

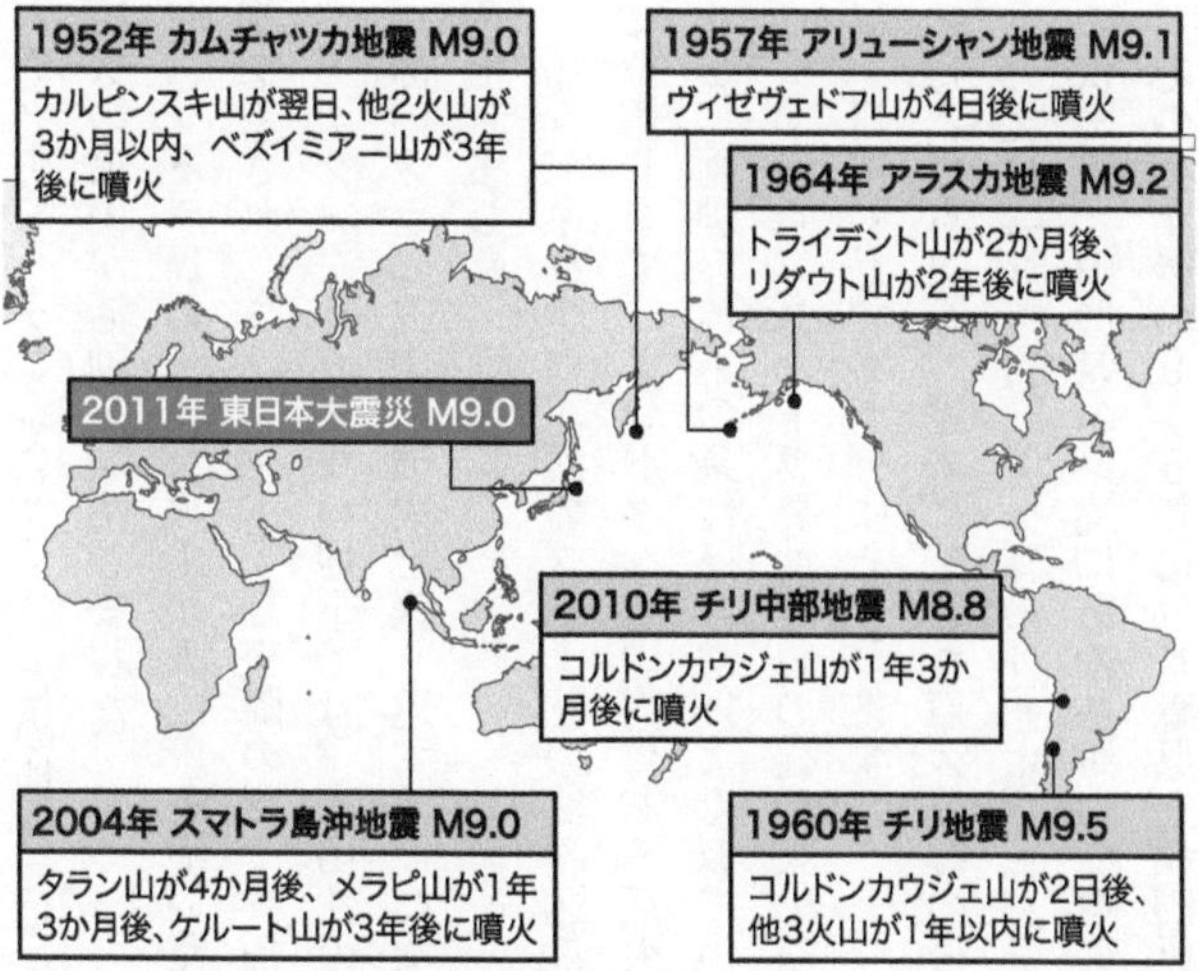
1952年 カムチャツカ地震 M9.0
カルピンスキ山が翌日、他2火山が3か月以内、ベズイミアニ山が3年後に噴火
1957年 アリューシャン地震 M9.1
ヴィゼヴェドフ山が4日後に噴火
1964年 アラスカ地震 M9.2
トライデント山が2か月後、リダウト山が2年後に噴火
2011年 東日本大震災 M9.0
2010年 チリ中部地震 M8.8
コルドンカウジェ山が1年3か月後に噴火
2004年 スマトラ島沖地震 M9.0
タラン山が4か月後、メラピ山が1年3か月後、ケルート山が3年後に噴火
1960年 チリ地震 M9.5
コルドンカウジェ山が2日後、他3火山が1年以内に噴火
図3-1　マグニチュード9規模の巨大地震が誘発した火山噴火

ャン列島を成すウムナック島にあるヴィゼヴェドフ火山が噴火しています。
60年発生の世界観測史上最大のマグニチュード9・5を記録したチリ地震の2日後には、南米チリ南部のコルドンカウジェ火山が噴火したのみならず、1年以内に他の3つの火山も噴火しました。また、チリ地震から約半世紀を経た2010年、同じくチリでマグニチュード8・8の地震が起きた1年3か月後にも、コルドンカウジェ火山は噴火しました（図3－1）。

私たちの記憶に新しいのは、スマトラ島沖で起きた3つの巨大地震（04年12月のマグニチュード9・0と05年3月のマグニチュード8・6と2012年4月のマグニチュード8・6）でしょう。この地震発生後に、インドネシアでは05年4月から、次々に複数の火山が活動を開始しました。

スマトラ島のタラン火山が火山灰を噴いたことで、4万人の住人が居住地からの避難を余儀なくされ、またスマトラ島東隣のジャワ島にあるタンクバン・プラフ火山や、火山島であるアナク・クラカタウの地下では、火山性の地震が起こり始めました。06年5月以降はジャワ島のメラピ火山が噴火を繰り返すようになり、10年の噴火の際には300人以上の犠牲者を出しました。

インドネシアは、海のプレートの沈み込みによって火山噴火が起こる、世界有数の変動帯に位置します。インドネシア国内にある活火山の総数は129で、日本の111を上回りますが、両国の地下の条件は非常によく似ています。

ですから、スマトラ島沖地震の後に火山噴火が誘発されたのと同じ現象が発生する可能性は、日本列島でも十分にあり得ます。

日本でも実際、過去に起きた巨大地震の後に火山活動が活発化した記録が残っています。たとえば「3・11」との類似性が指摘されている貞観《じょうがん》地震（869年）では、2年後に現在の秋田県と山形県の県境にある鳥海山《ちょうかいさん》で噴火が起きました（図3－2）。

その46年後の915年には青森県と秋田県の県境にある十和田《とわだ》火山が大噴火し、その火山

平安時代(9世紀)	震源	現代(21世紀)
850年　三宅島		2000年　有珠山、三宅島
863年　越中・越後地震	新潟県中越地方	2004年　新潟県中越地震(M6.8)
864年　富士山		2009年　浅間山
867年　阿蘇山		2011年　新燃岳
869年　貞観地震	宮城県沖	2011年　東日本大震災(M9.0)
874年　開聞岳		2013年　西之島 2014年　御嶽山、阿蘇山
878年　相模・武蔵地震	関東地方南部	**不確定**　「首都直下地震」(M7.3)
886年　新島		
887年　仁和地震	南海トラフ	**2030年代**　「南海トラフ巨大地震」(M9.1)

図3-2　平安時代と現代では地震と噴火の発生状況が類似する

灰が東北地方を覆いました。これは日本列島における過去2000年の間に起きた噴火で最大規模でした。

富士山も江戸時代の1707年に、いわゆる宝永の大噴火を起こしましたが、それに先立つ約1か月半前に南海トラフでマグニチュード8・6の宝永地震が発生しています（47ページの図2－1を参照）。

「3・11」直後から増えたスタンバイ状態の火山

日本の活火山は111あると述べましたが、活火山の定義は「1万年以内に噴火した火山」です。火山であっても1万年より長い間噴火していないなら、活火山ではありません。

実際、日本国内には、富士山を含めて火山が全部で250ほどありますが、そのうちの111が活火山です。つまり、250の火山の年代を地質調査と放射年代測定によって明らかにしたところ、111の火山だけに1万年より新しい噴火の証拠があったのです。

そのなかで今、もっとも注目すべきことは、111の活火山のうち、20の火山が噴火スタンバイ状態にある、ということです（図3－3a）。

先述した御嶽山や箱根山のみならず、熊本と大分の間にある阿蘇山《あそさん》や群馬と長野の間にある草津白根山《くさつしらねさん》では、スタンバイではなく、すでに噴火災害が起きています。富士山に近い名所の箱根山では、「3・11」直後から有感地震が急に増えました。今なお警戒区域として立ち入りが制限されているところもあります。

動きを活発化させる火山の数は、東日本大震災以降に増えています。やはり、巨大地震が火山活動を誘発するのです。

「3・11」後に活動が増した火山としては、右に挙げたもの以外にも北海道の丸山《まるやま》、岩手山《いわてさん》、秋田駒ヶ岳《こまがたけ》、秋田焼山《やけやま》、日光白根山《にっこう》、乗鞍岳《のりくらだけ》（長野県・岐阜県）、焼岳《やけだけ》（同）、富士山、伊豆《いず》諸島の伊豆大島《おおしま》、新島《にいじま》、神津島《こうづしま》があります。

九州では鶴見岳《つるみだけ》（大分県）、伽藍岳《がらんだけ》（同）、九重山《くじゅうさん》（同）、また、南西諸島の中之島《なかのしま》、諏訪之瀬島《すわのせじま》などがあります。いずれにしても、日本全国に及びます（図3－3b）。

20ある噴火スタンバイ状態の火山のなかでも、もっとも心配される火山の筆頭は富士山で

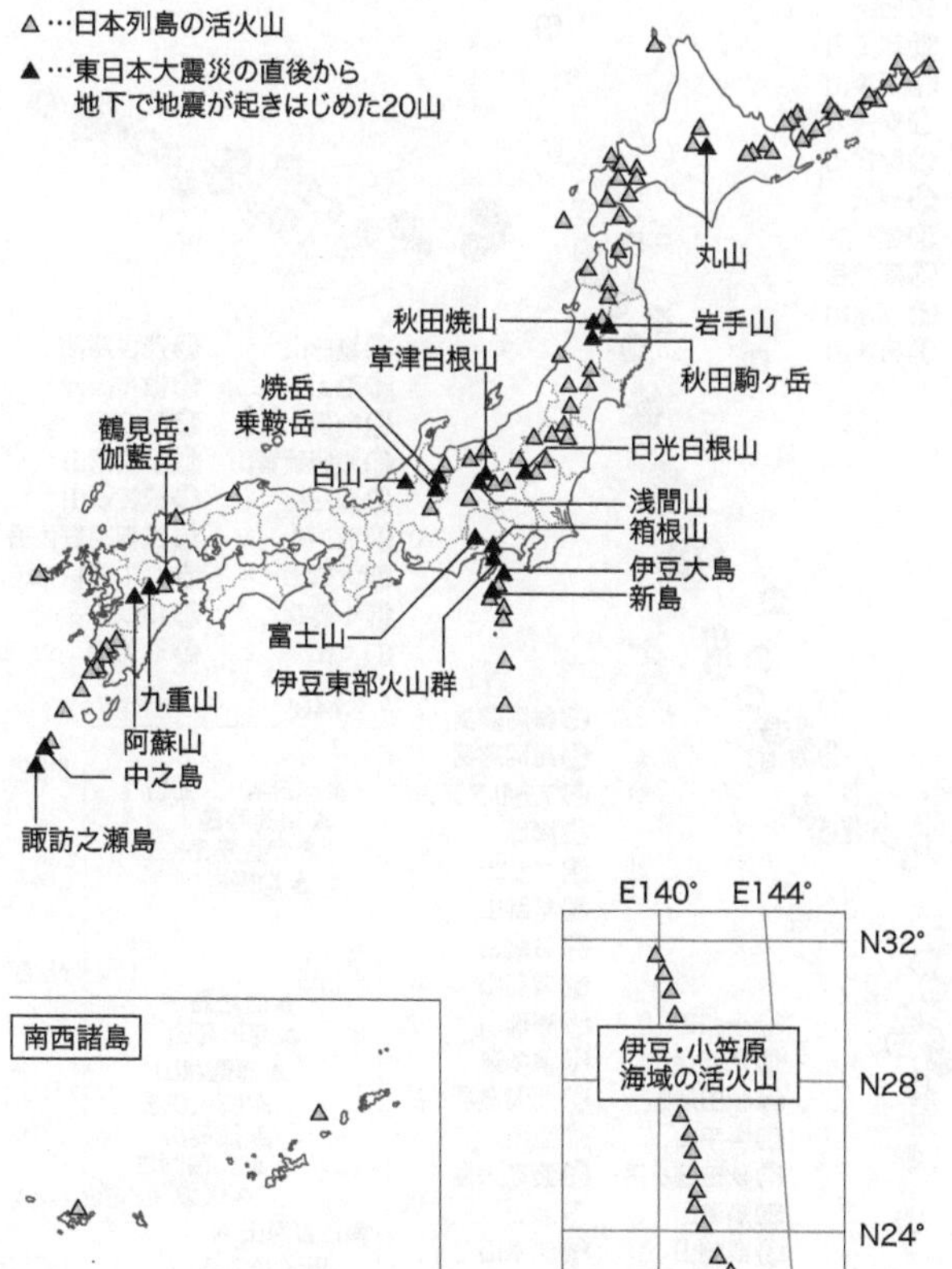

図3-3a　日本列島の活火山（△印）のうち、東日本大震災の直後から地下で地震が起きはじめた20山（▲印）

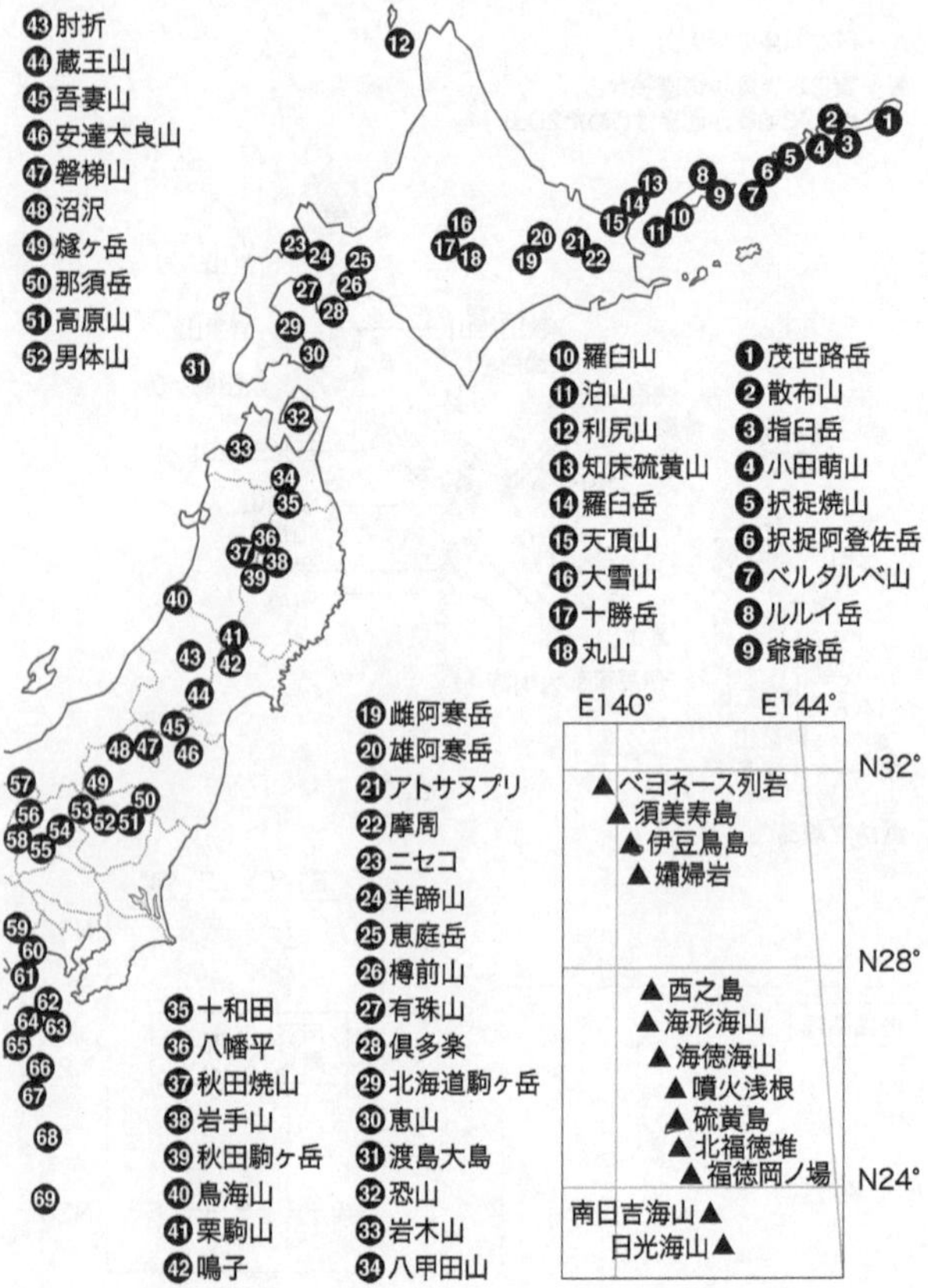

43 肘折
44 蔵王山
45 吾妻山
46 安達太良山
47 磐梯山
48 沼沢
49 燧ヶ岳
50 那須岳
51 高原山
52 男体山
10 羅臼山
11 泊山
12 利尻山
13 知床硫黄山
14 羅臼岳
15 天頂山
16 大雪山
17 十勝岳
18 丸山
1 茂世路岳
2 散布山
3 指臼岳
4 小田萌山
5 択捉焼山
6 択捉阿登佐岳
7 ベルタルベ山
8 ルルイ岳
9 爺爺岳
19 雌阿寒岳
20 雄阿寒岳
21 アトサヌプリ
22 摩周
23 ニセコ
24 羊蹄山
25 恵庭岳
26 樽前山
27 有珠山
28 倶多楽
29 北海道駒ヶ岳
30 恵山
31 渡島大島
32 恐山
33 岩木山
34 八甲田山
35 十和田
36 八幡平
37 秋田焼山
38 岩手山
39 秋田駒ヶ岳
40 鳥海山
41 栗駒山
42 鳴子
E140°
E144°
N32°
N28°
N24°
ベヨネース列岩
須美寿島
伊豆鳥島
孀婦岩
西之島
海形海山
海徳海山
噴火浅根
硫黄島
北福徳堆
福徳岡ノ場
南日吉海山
日光海山

図3-3b　日本の活火山。気象庁により現在111が認定されているが、今後の調査研究により増えると予想される

す。富士山はその秀麗な山容からも日本を象徴する山で、書店にも多くの写真集が並んでいます。しかし、火山を長年研究した者として伝えなくてはならないのは、富士山は必ず噴火するということです。

ここからは富士山を例に、火山の構造や噴火の仕組みについて確認し、次章では富士山噴火によって必ず起きる災害被害をシミュレートしてみます。

火山の形態はいくつかに分類されますが、そのなかで富士山は、「成層火山」（コニーデ式）と呼ばれる形態に属します。

日本国内では、富士山以外に羊蹄山《ようていざん》（北海道）や岩木山《いわきさん》（青森県）、鳥海山（秋田県・山形県）や開聞岳《かいもんだけ》（鹿児島県）なども成層火山です。美しい形をしているため、火山を絵で簡略的に示すようなとき、この成層火山が典型的な形として描かれます。

火山としてはそれほどにポピュラーですが、成層火山というその名のとおり、「層」から「成る」、つまり噴火をたびたび繰り返すことで大きくなっている火山です。富士山の起源は何十万年も前にさかのぼることができますが、その原形をなす山体《さんたい》は、10万年ほど前に誕生したと考えられます。

つまり富士山の地下構造は、いくつかの山体が重なった（層が成った）、日本一大きな山体であることを示しています。富士山は実際に何万年もの間、溶岩を流出させたり、火砕流を発生させたり、火山灰を噴き上げたり、泥流を流したり、多様なタイプの噴火を繰り返してきました。

日本一高くて美しいあの形は、激しい火山活動を繰り返してきたことの証左でもあります。富士山は「噴火のデパート」と呼ばれているのを聞いたことがある方もいるかもしれませんが、実際にその通りなのです。

噴火の3つのモデル

では、どうして噴火が起こるのでしょうか。

火山は、マグマが溶岩として地上に出たり、火山灰となって降り注いだりすることで災害を引き起こします。また、そうした活動が繰り返されることで、成層火山のように山体が大きくなり、火山として成長します。

火山の地下構造について説明しましょう。まず地面の下、数㎞～十数㎞のところにマグマだまりがあります（図3－4）。マグマだまりとは、言葉通りにマグマが溜《た》まっている場所で、そこにある岩石は溶けて、1000℃程度の超高温になっています。地中の圧力を受けながら、マグマがぎゅうぎゅうに詰まっている場所だと考えられます。

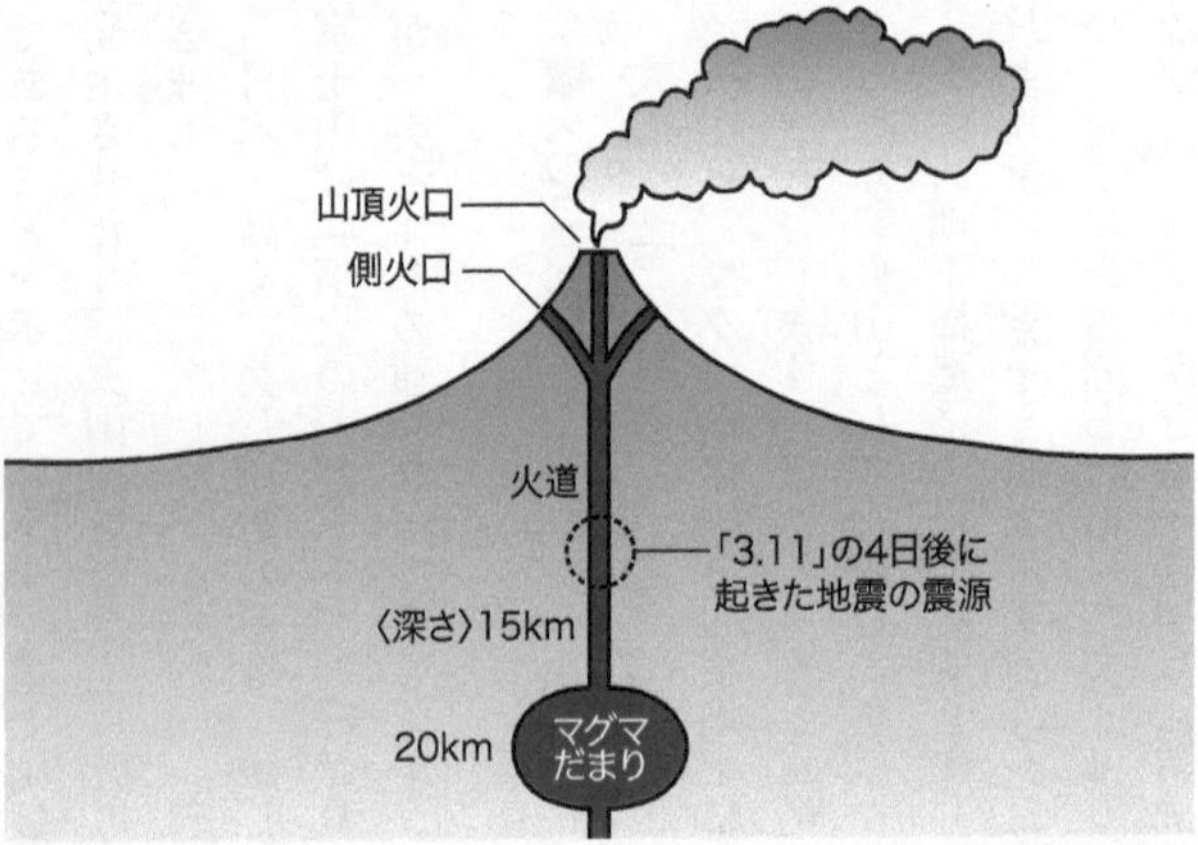

図3-4　富士山のマグマだまりと「3.11」の4日後に起きた地震の震源

地下でマグマが溜まっているだけなら、何も問題はありません。そこからマグマが地上に噴出すると、大災害となるのです。

噴火が起きる仕組みとして、次の3つの「物理モデル」が考えられています。

1つ目は、圧力がかかって絞り出されるケースです（図3－5の(ア)）。

マグマだまりに横から圧力がかかり、絞り出されるように地表に噴出します。マグマは岩盤の弱いところを辿《たど》りながら地上に現れますが、そのマグマが通った道を「火道《かどう》」といい、地上に出たところを「火口」と呼びます。火口という言葉は読者の皆さんもよく聞くことがあるでしょうが、火道についてはなじみが薄いかもしれません。

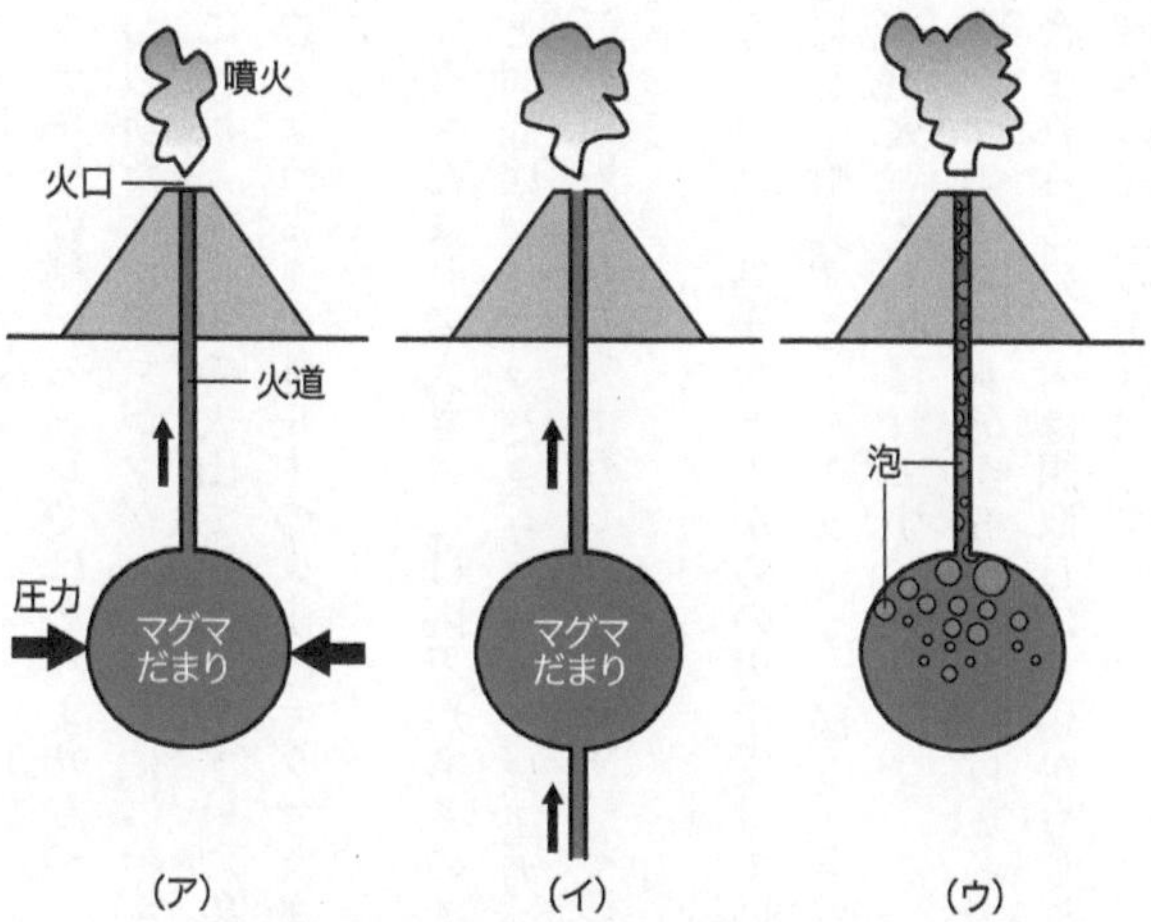

図3-5　噴火のメカニズムを表す3つのモデル。(ア) 横から圧力を受けて絞り出される　(イ) 下からマグマが注入される　(ウ) マグマに含まれる水が泡立って体積が増える

マグマの活動が収まると、冷えたマグマで火道はふさがった状態になります。しかし、マグマだまりの圧力が一定以上になることで噴火しようとしますから、そのたびにマグマは、すでにふさがっている火道をこじ開けるようにして通っていき、その結果噴火します。一度抜いた釘穴《くぎあな》に再び釘を打ち込むのと似た現象といえるかもしれません。

マグマだまりから火道を通り、火口へという経路で、噴火は何十万年ものあいだ繰り返されているのです。

噴火が起きるモデルの2つ目は、新たなマグマが注《つ》ぎ足されるケースです（図3－5の(イ)）。

ウナギ屋の秘伝のタレではありませんが、古いマグマに新たなマグマが注ぎ足される、すなわち新たなマグマがマグマだまりに供給されることによって起こります。

これは、休止中の火山で起こりやすい現象です。新たなマグマが岩盤を貫き、下から管が伸びるように上の休止中の火山のマグマだまりに到達し、注ぎ足されるようなケースを指します。

マグマだまりの大きさには限界があるので、注ぎ足し続けられると、圧力をかけられた液体と同様に、マグマだまりのマグマは圧力の低いところを求めて、弱い岩盤（過去の火道など）を貫いたりして上昇していきます。その結果、噴火が始まります。

3つ目は、外圧など外からの力を受けていないのに、マグマだまりのマグマが「みずから上昇して噴火する」ケースです（図3－5の(ウ)）。このモデルは、「泡立ち現象」によって起きる噴火、とも呼ばれます。

マグマの中には水分が5％ほど溶け込んでいます。1000℃もある高温のマグマに水分が含まれるというのは想像しにくいかもしれませんが、実はマグマだまり中において、高温の液体の20分の1は水です。

といっても普通の水ではありません。高温・高圧という環境の中で、水の三態（固体＝氷、液体＝水、気体＝水蒸気）とは違う特性を持った臨界状態の水です。水素と酸素が電離（イオン化）した状態でマグマの中に存在しているのです。

ところが、地震などによってマグマだまりが揺すられたりすると、このイオン化した水が泡立ち、水蒸気となって体積が増えます。通常、水が水蒸気になると体積は１０００倍以上にも膨らみますから、マグマだまりの水分を含んだマグマの体積も当然膨張します。

しかも、泡立ちは圧力が比較的低いマグマだまりの上の方で発生してさらに上に移動するので、ついにはマグマだまりの岩盤の弱いところを突いて上昇します。上昇するにつれてマグマが受ける圧力は弱まりますが、それと同時に泡立ちは激しくなって噴火するのです。

水蒸気爆発も怖い

噴火自体も激しい被害を引き起こしますが、マグマが出なくても、火山活動によって爆発が起こることがあります。

「水蒸気爆発」という言葉を聞いたことがある方もいるでしょう。マグマだまりの熱で地下水が温められて、それが一気に気化したときに起きる爆発です。なお水蒸気噴火という言葉もありますが、同じ現象です。２０１4年9月に御嶽山で発生して大きな災害となったので、

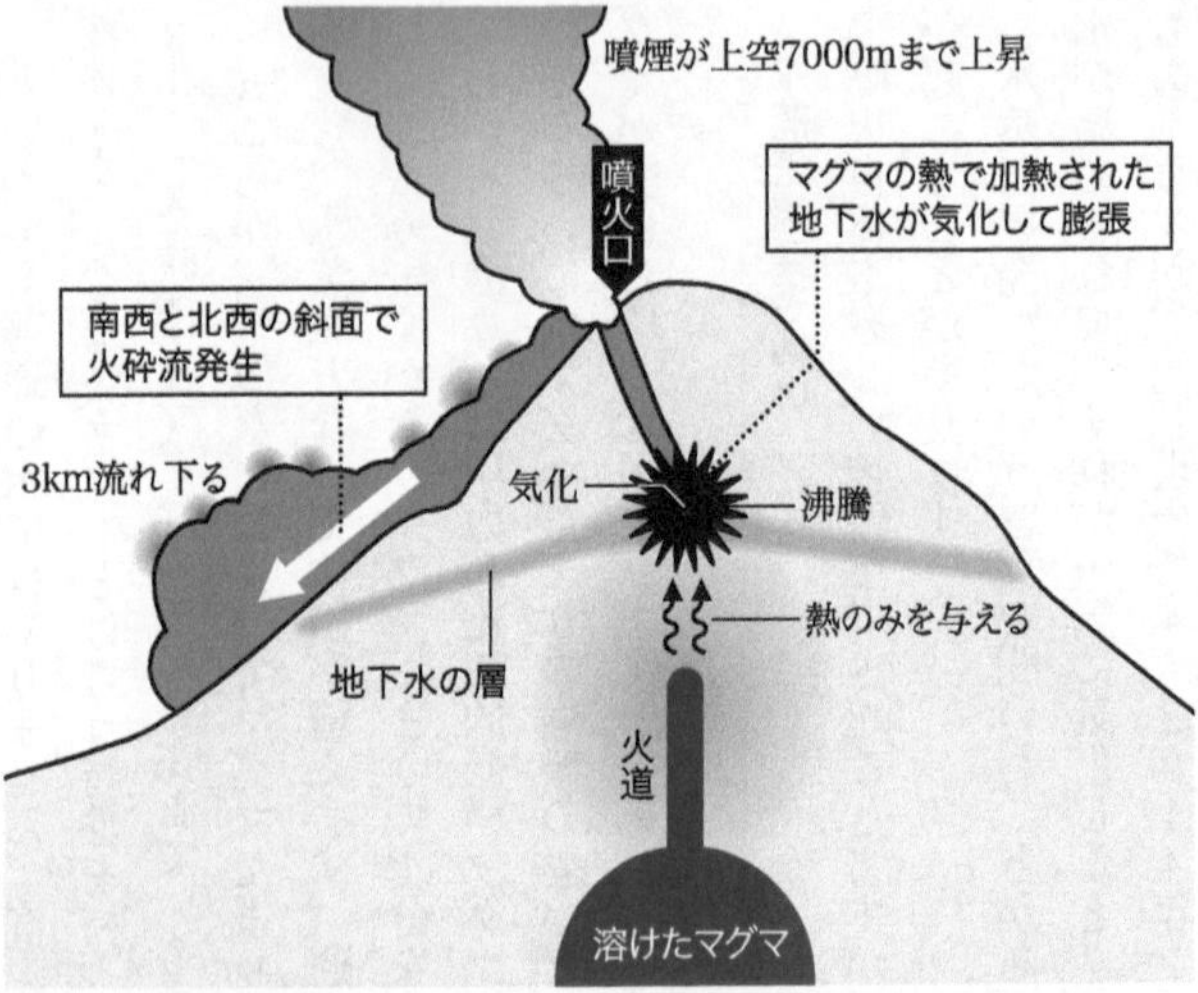

図3-6　御嶽山で2014年に起きた水蒸気爆発のメカニズム

少しくわしく説明しておきましょう。

長野・岐阜県境にある活火山の御嶽山が突如として噴火し、火口周辺にいた登山客を直撃しました。死者・行方不明者は合わせて63人に上り、戦後最悪の噴火災害となりました。

噴火では火山灰を大量に含む噴煙が火口から７０００mも上昇し、岩石を四方八方に撒《ま》き散らしました（図３−６）。

地下にある高温マグマの熱によって地下水が沸騰して急激に水蒸気が発生し、火口周辺の岩石を砕いて勢いよく飛ばしました。噴火の規模が大きくないにもかかわらず、人的な被害が起きうる危険な現象として知られています。

御嶽山はバスやロープウェイを利用し

た日帰り登山も可能で、噴火時には大勢が火口近くに滞在していました。大災害となった要因は複数あります。

まず、何の兆候もなく、人が大勢いる場所のすぐ近くで正午前、噴火が始まりました。紅葉の時季を迎えた好天の土曜日で、特に登山者が多い日でした。さらに山頂付近では昼食のためたくさんの人々が集まっていました。

実は、過去にも御嶽山はこのタイプの噴火を頻繁に繰り返しています。1979年にも同規模の噴火が起こり、火山灰が群馬県まで達しましたが、午前5時という早朝だったため1人の犠牲者も出ませんでした。

しかし2014年の噴火は、場所、時期、時間帯のすべてが最悪のタイミングだったために多くの犠牲が生じたと考えられます。人が集まった場所で突如として水蒸気爆発が起きると、思わぬ災害が発生します。尊い人命が失われたことを教訓に、今後の火山防災に役立てなければなりません。

世界経済に影響を及ぼしたマグマ水蒸気爆発

もう1つ、「マグマ水蒸気爆発」というのもあります。これは、上昇するマグマが地下水脈などに触れて、急激に爆発が起きる現象です。湖水や海水などが流入してマグマと水が直接触れることでも発生します。

２０２２年１月のトンガの海底火山の噴火も、マグマ水蒸気爆発でした。前項で紹介したような、水が急速に泡立って蒸発することで爆発するケースよりもさらに劇的です。

水蒸気爆発にはマグマの成分が含まれていませんが、マグマ水蒸気爆発はマグマと一緒に噴火するので、火山灰にマグマ成分が含まれます。またマグマ噴火が起きるもっとも初期には、水蒸気爆発が起きるといわれています。

10年4月にアイスランドで起きたマグマ水蒸気爆発は、世界に深刻な影響をもたらしました。これも解説しておきましょう。

エイヤフィヤトラヨークトル火山という氷河に囲まれた活火山があります。その地下で地震が発生し、高温のマグマが地上へ近づいて来ました。その後、山頂近くの氷河が徐々に融《と》け大量の水がたまりはじめたのです（図３－７）。

その水が地下から上昇してきたマグマと触れ、水蒸気となり体積が１０００倍ほどに膨れ上がりました。この膨張力でマグマが細かく引きちぎられ、非常に細かい火山灰ができたのです。

火山灰と水蒸気は高度１万ｍまで噴き上がり、大量の火山灰が上空を吹く西風に乗ってヨーロッパ中に拡散しました。突如として大量の火山灰が欧州大陸を覆いつくした結果、医薬

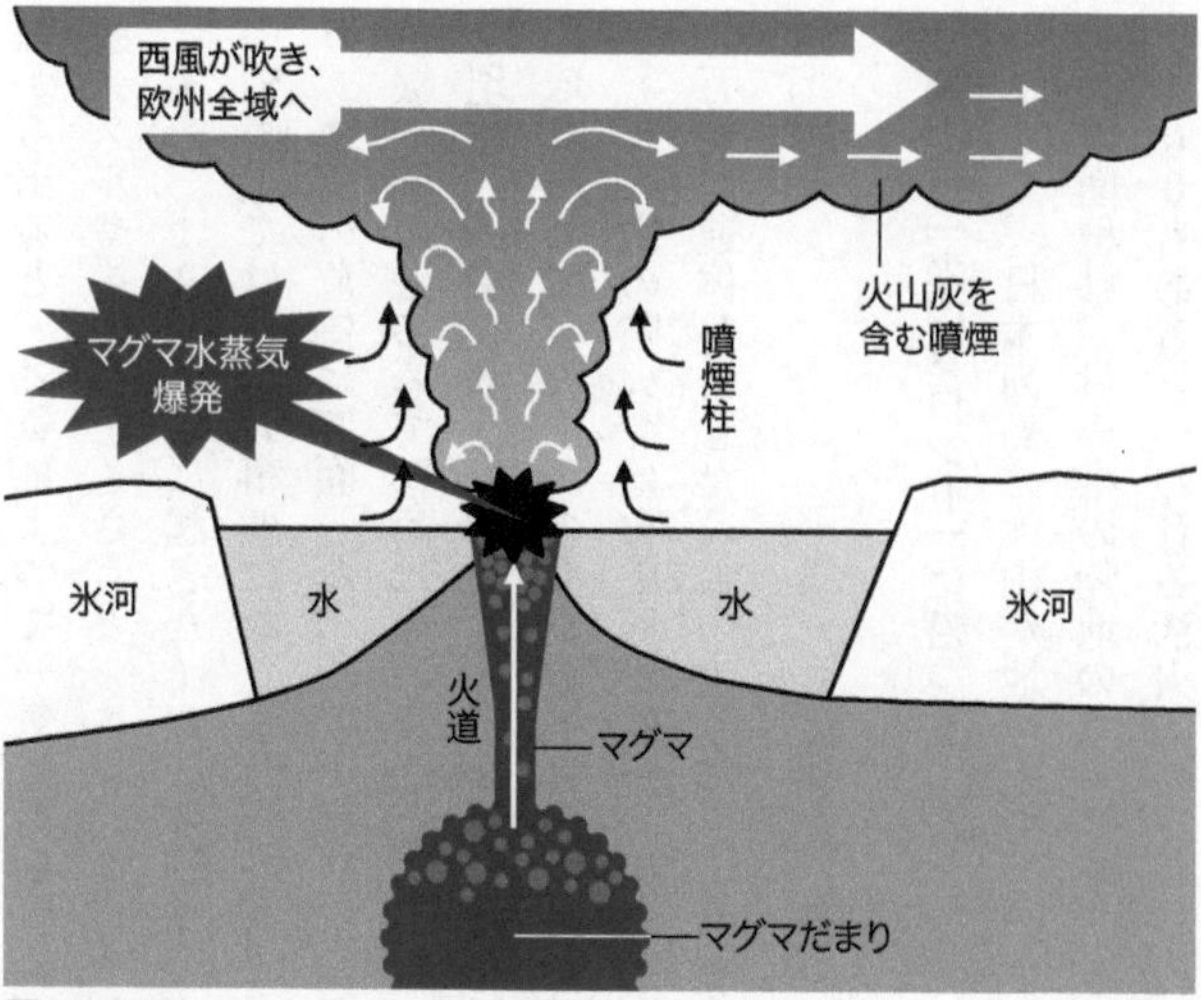

図3-7　アイスランド・エイヤフィヤトラヨークトル火山で2010年に起きたマグマ水蒸気爆発のメカニズム

品・電子部品・生鮮食料品などの航空貨物がストップし、28カ国で空港が全面閉鎖となりました。航空会社の経済損失は1600億円（約17億ドル）に達し、2001年に起きた米同時多発テロを上回ったとされます。

上空を漂う火山灰は航空機の大敵です。というのも、火山灰はタバコ（煙草）の灰などのような燃えかすではなく、冷えたマグマのかけらだからです。ガラスでできた細かい粉と言ってもよく、航空機のエンジン吸気口から入り込むと非常事態が発生します。

1500℃にも達する航空機のエンジン燃焼室で、火山灰は再び溶けてマグマに戻ります。溶けた火山灰が燃焼室から出ると、外気によって一気に冷やされ固まって岩石となります。これが燃焼ガスの噴射ノズルや排出口をふさぐと、エンジンはやがて停止してしまうのです。

実際、１９８２年に起きたインドネシア・ガルングン火山や89年のアラスカ・リダウト火山の噴火では、この事態になりました。ジャンボジェット機の４つのエンジンがすべて止まり、墜落の危機に直面したのです。幸い、固まった岩石が剝《は》がれ落ちてエンジンが再始動し、危機一髪のところで墜落は免れました。

現在、空中を漂う火山灰は人工衛星画像を用いて24時間体制で監視されています。国際的な取り決めで、火山灰の漂う領域は全面飛行禁止となります。実際、エイヤフィヤトラヨークトル火山の噴火では火山灰が欧州一帯に広がったため、空港が閉鎖された１週間に航空機10万便が運休しました。このように火山の噴火は我々の日常生活にも大きな影響を及ぼすのです。

火山は「火山フロント」に沿って

ここで、日本列島の火山が地球上でどのような位置にあるのかを見ておきましょう。日本の陸地面積は、世界中の陸地のうち約０・３％を占めるに過ぎません。ところが、世界に約１５００もあるといわれる活火山のうち、約１割にあたる１１１が日本にあります。いかに日本が火山列島であるかが理解できるでしょう。

　火山の分布を見てみると（図３－８）、日本列島に火山が満遍なく存在しているのではないことがわかります。富士山周辺で「くの字」に曲がるものの千島列島から小笠原《おがさわら》諸島まで延びているラインと、山陰地方から南西諸島に延びるラインの2つの線に沿って集中していることが見て取れます。

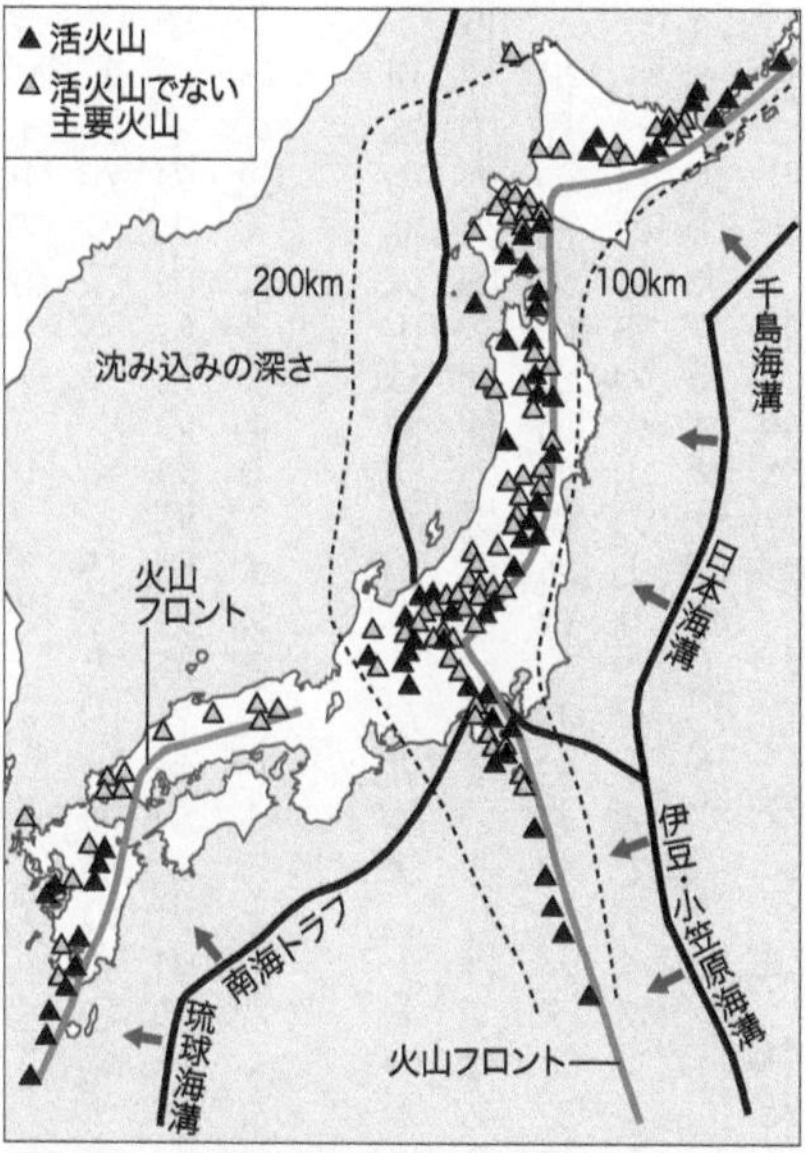

図3-8　日本列島の活火山と火山フロント
（出典　防災科学技術研究所のホームページ）

　このラインを「火山フロント」と呼びます。

　水分を含んだ海洋プレートは海底を移動して大陸プレートの下に沈み込みますが、ある深さに達したとき、水分が原因となってマントルを溶かし、マグマを生みます。このマグマが地上に噴き出すと、火山となります。

　また、海洋プレートが沈み込んで一定の深さに達する場所は、プレートの線（すなわち海溝）に沿う形となります。

したがって、マグマを持つ火山は海溝のある場所と平行に列をなして連なることになります。その火山の列の海溝側の境界線が「火山フロント」です。必然的に火山は「火山フロント」の近くに多くあり、大陸側に行くほど少なくなります。


日本の活火山は海洋プレートが大陸プレートの下に沈み込む場所と平行にできていますが、世界中の火山が同様の場所でできているわけではありません。

世界の活火山がある場所は、おおむね3パターンに分類することができます。

1つ目は日本の火山のようなケースです。プレートがある深さに達すると、温度と圧力のバランスによってマグマが発生します。

2つ目は、東太平洋海膨《かいぼう》（海嶺《かいれい》）のような、中央海嶺でできるパターンです。海嶺とは大洋の中央部を貫く、高さ3000mにも及ぶ海底山脈ですが、この海嶺に沿って海底火山が連なっています。その火山活動によってプレートが生まれている地点でもあります。

3つ目は、ハワイ諸島のような、いわゆるホットスポットと呼ばれる場所です。こういう場所には、プレートの動きとは関係なくマグマが存在します。地中深くにあるマグマがプレートを突き破って上にあがり、火山活動を起こしています。

噴火の予兆──「低周波地震」「火山性微動」

噴火においては、火山灰や溶岩、噴煙が噴き出し、人々の生活に大きな被害をもたらします。

２０２１年9月にはアフリカ北西部の沖にあるカナリア諸島の火山が噴火しましたが、このとき流れ出た溶岩に家が焼き尽くされる映像を覚えている人も多いでしょう。実は、３か月に及ぶ大きな噴火で、家屋の破壊など多くの被害がありましたが、死者はゼロでした。７０００人を避難させるなど、火山対策当局の対応が適切だったからです。

日本では、１９９１年6月に長崎県の雲仙普賢岳《うんぜんふげん》の噴火で発生した大火砕流により、地元の方や報道関係者、火山学者をあわせて43名もの方が亡くなりました。私自身も、火山学者の大切な友人３名をこの災害で失いました。

火山が噴火するときには、さまざまな予兆があります。その1つが、「低周波地震」の発生です。先に、噴火の3つのモデルを挙げましたが、そのような噴火現象が起こり始めると、当然地盤に影響が出ます。

泡立ち現象の場合でいえば、マグマが火道を通り始めることで、震動が起きたりします。地震の揺れは波のように伝わるのですが、火山のマグマだまりが起こす揺れは、まず低周波であり、これを低周波地震と呼んでいます（図3－9）。

低周波地震の揺れは、人が体に感じることはなく、観測機器を使わないとわからない揺れです。マグマがゆらゆらと揺れている状態ですが、人が感じるガタガタとした揺れではありません。ガタガタと揺れる地震を、「有感地震」といいます。これは、地下で岩が割れることで起きるため、高周波の揺れとなります。

低周波地震は、一度観測されたと思うと、次第に消えていってしまうのがやっかいなところです。ただ経験則から、これが起きるのは噴火の直前だということがわかっています。もし低周波地震が富士山で観測されたら、火山学者たちは、数週間から1か月ほど後に噴火が始まる可能性を考慮し、緊張するでしょう。

低周波地震が有感地震を経てさらに進むと「火山性微動」という現象が起きます。火山性微動が始まれば、これはもう噴火直前です。何をおいても急いで逃げなくてはいけません。

これだけわかっているのに、なぜ噴火で犠牲になる人がいるのか、と思う方もいるかもしれません。先ほど紹介した2014年の御嶽山の噴火では、後に国が「火山観測体制等に関する検討会」を設け、予知体制を検証しました。

その報告書では水蒸気爆発の発生を予測することは困難であった、としました。つまり「水蒸気爆発」は事前にほとんどキャッチできる兆候はないので、活動が始まったら近づか

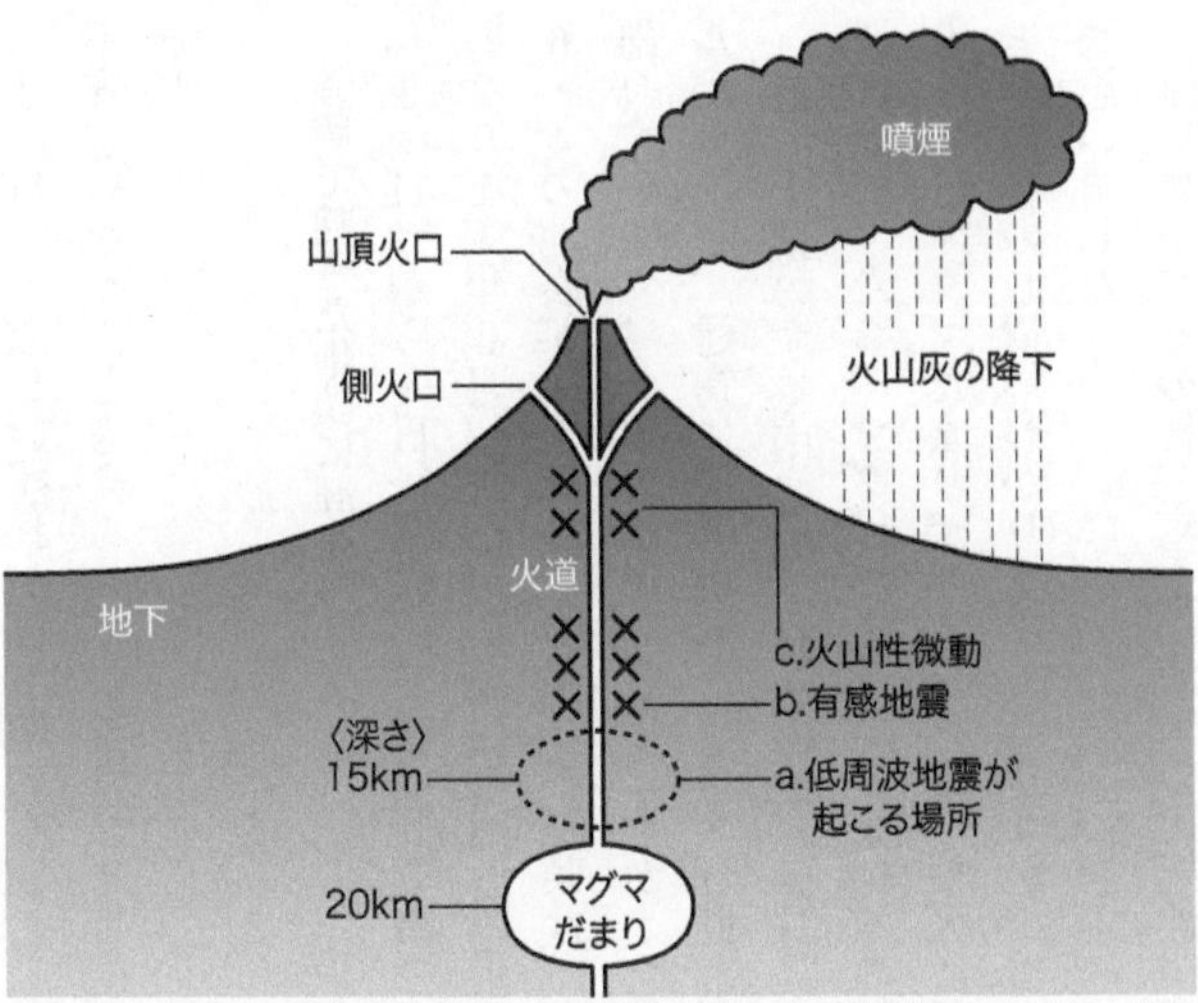

図3-9　富士山の噴火前に地下で地震が起こる場所。a.マグマだまりの上部近くで低周波地震が起こる　b.マグマが火道を上昇して高周波の有感地震が起こる　c.噴火が近づくと火山性微動が起こる

ないくらいしか対策としてできることはないのです。

では先に述べた3つのタイプの噴火であれば予測は可能かといえば、それほど単純ではないのです。同じ活火山であっても、実は噴火のたびに地表で起きる現象がかなり異なります。

さらに噴火前の推移がまったく同じことはなく、現象を観測してから噴火までの期間が非常に短いこともあります。したがって、どんなに火山学が進展しても、噴火の予測については道半ばと言っていいでしょう。そのことを皆さんにはぜひ、念頭に置いてほしいと思います。

「3・11」の激しい揺れが日本にあるさまざまな火山のマグマだまりをも揺すり、マグマは不安定になったと考えられています。その結果、20の火山がスタンバイ状態になっているのです。

静岡で起きた地震に肝を冷やす

「3・11」から4日後、火山学者は肝を冷やすことになりました。

2011年3月15日に、静岡県東部（富士山頂の南の地下）を震源とするマグニチュード6・4の地震が起きたからです。静岡県は、東北地方から関東南部にかけての余震地域とは離れています。15日の地震の震源に近かった富士宮《ふじのみや》市では最大震度6強を記録し、天井パネルが落下し、建物に被害が出たほか2万世帯が停電しました。

富士山頂のすぐ南の地下14㎞地点が震源でした（図3－4）。富士山のマグマだまりは地下20㎞ですから、マグマだまりから5㎞強の近さにある地点で大きな地震が起きたことになります。マグマだまりが揺すられたら噴火に至ることは、ここまで説明した通りです。そのときの私の心情、わかりますでしょうか。こんなところでマグマを揺らさないでくれ、と心底思いました。

幸いにしてその後、富士山噴火の可能性が高まったというデータは得られていません。

一方、富士山周辺の汎地球測位システム（GPS）の測定結果によれば、東日本大震災以降、富士山周辺地域は東西方向に伸びており、またマグマだまりの直上15㎞付近では、「ゆらゆら」の低周波地震がときどき発生しています。

この現象は地下で地盤が拡大していることを示し、マグマの動きについて2つの可能性があることが考えられます。

1つは、地下深部のマグマが地表に出やすくなる（過去の火道などを通る例）こと、もう1つは地盤が拡張した中にマグマが溜まり、地表に出にくくなることです。

前者は噴火ですし、たとえ後者だとしても油断できないことはいうまでもありません。24時間体制による観測は、現在も続いています。

富士山噴火が南海トラフ巨大地震と連動したら

富士山は日本にある活火山のなかで、もっとも観測網が充実しています。常時、傾斜計や地震計などが監視しているため、噴火が起こるときは数週間〜1か月ほど前から前兆を把握することができます。得られた情報は、気象庁から各メディアやインターネットを通して日本国中に伝えられることになっています。

その意味で火山噴火は、地震のように準備期間ゼロで臨まなくていいところがあります。

地震の場合は最初の一撃は突然やってくるので、事前に予知することは不可能です。一方、噴火の場合は、マグマが地上に出る前に起こすさまざまな現象から、ある程度の予知が可能です。経験的に、噴火するまで数時間から数週間のタイムラグが生じます。

ただ、章の冒頭で触れた通り、巨大地震が火山の噴火を引き起こしていることは、歴史的事実として常に警戒しなければなりません。

もし、次の南海トラフ巨大地震と連動する形で富士山噴火が起きたら、どうなるでしょうか。江戸時代の宝永噴火の際は、噴火の49日前に宝永地震が発生していました。

地震によって大きな被害を受け、その復旧で忙殺されている最中《さなか》の富士山噴火だったのです。このときと似たタイミングで同様の事態が生じたら、地震と津波による壊滅的な打撃に、次章で述べるような噴火がもたらすさまざまな被害が追い打ちをかけます。

たとえば、火山灰の降灰によるダメージの深刻さは、宝永噴火のときとは比較にならないはずです。交通機関だけでなく、コンピュータ制御に頼るインフラ全般が、ガラス質の灰が原因で麻痺《まひ》状態となるからです。都市機能は大打撃を受け、医療機関も通常の医療が施せなくなるなどして、被災者にとって命取りになりかねません。

地震に重なった噴火によるショックが関東地方から東海地方までを覆い、日本の政治経済は機能停止に陥るかもしれません。さらに、そうした事実が世界経済にも重大な影響を及ぼすでしょう。

富士山噴火による経済的損失は最大２・５兆円であるという試算が出ています（２００４年、内閣府）。ところがこの試算が出た後、火山学者の多くはこの金額は過小評価だと考えるようになっています。

いずれにしろ、南海トラフ巨大地震で想定される被害総額２２０兆円に、富士山噴火による被害総額が加われば、その額が膨大であることだけは確かです。

決して現実に起きてほしくない事態ですが、そうかといってこうした想定をしないままでいれば、国家の危機管理上もきわめて危険な状況が生まれます。日本人を魅了してやまない、あの美しい富士山の「負」を口にするとき、私自身思わずため息が出てくることもたびたびあります。しかし、「命を救うため」には、何度でも言い続ける必要があると思っています。

さて、次の章ではより具体的に、噴火が起きてしまった後どのような被害が予想されるかを見ていきましょう。

第四章

富士山噴火をシミュレートする

1980年5月18日にプリニー式噴火を起こした米国セントヘレンズ火山から立ち上る噴煙（米国地質調査所提供）

本章では、富士山噴火により予想される被害を紹介します。

被害の要因を大きく分けると、（1）火山灰、（2）溶岩流、（3）噴石と火山弾、（4）火砕流・火砕サージ、（5）泥流の5つがあります。

それぞれを解説していきます。

（1）火山灰

ただの灰ではなくガラスのかけら

噴火の被害として一般的、かつ広範囲に及ぶものは火山灰によるものです。タバコや炭の灰を想像して、「掃いて捨てればいいし大したことはない」などと安易に考えている人も多いかもしれませんが、火山灰の飛来は、風下で暮らす人々の生活を一変させてしまうほどにやっかいです。

そのことは、たとえばアメリカ合衆国西部ワシントン州にあるセントヘレンズ火山が1980年に噴火した際、現地で生活していた日本人の記録を通してもわかります。

このときは噴火2か月前から噴火予測が伝えられたため、多くの人は避難することができましたが、それでも死者57名、行方不明者37名となりました。こうした数字には表れない被害をこの記録は物語っています。

「～（略）～3インチを越す細粒火山灰は、やはり雪とは違った。焼けつく日差しにも溶けず、水で洗い落とすと下水道が詰まった。掃き寄せても乾けば風で舞い上がり、自動車やエアコンのフィルターを目詰まりさせ、建物に侵入してコンピュータや精密機械を故障させた。人々は珪肺《けいはい》（引用者注　珪《けい》酸を含む非常に細かい石の粉が肺の中に張り付くため、肺気腫《はいきしゅ》や呼吸困難を起こすこと）のうわさにおびえて家にとじこもり、大学や保健所は閉鎖された。水道は地下水だったので助かったが、もしも河川水の濾過《ろか》式ならば真っ先に飲み水が途絶えて、乳幼児や病人を抱えた家族はパニックに襲われたはずである」

（元京都造形芸術大学教授・原田憲一《はらだけんいち》氏による、京都新聞2003年1月20日夕刊掲載記事）

火山灰の実体は軽石や岩石が砕かれたもので、タバコや炭が燃え残る灰とは大きく異なります（図4－1）。火山灰の大部分は、マグマから軽石を経由して作られるのです。その正体はガラスの破片だといえます。

ガラスとは実は、物質が結晶構造をもたない状態のことをいいます。ガラスは結晶と比較して非常に脆《もろ》いため、割れると鋭い破片になります。すなわち火山灰には、鋭い破片を持っ

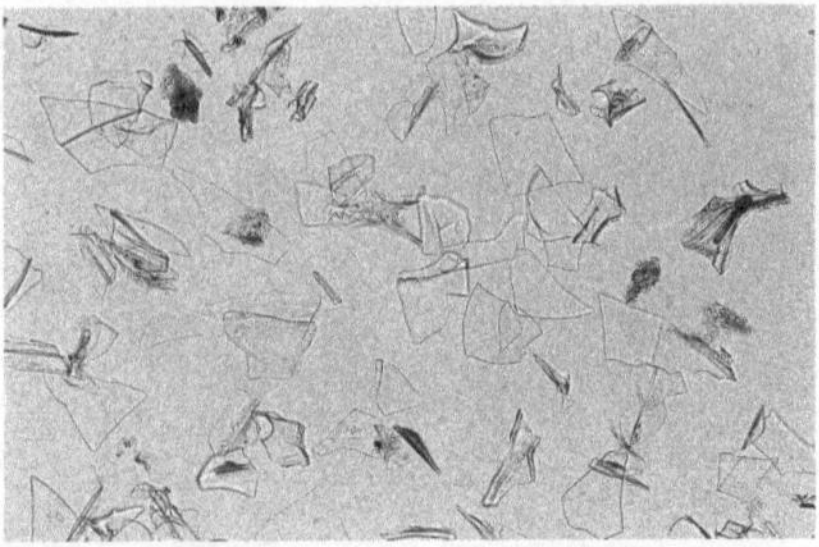

図4-1　阿蘇-4火山灰の顕微鏡写真（撮影檀原徹）

たガラスが含まれているのです。また、火山灰は水にも溶けず、雨が降るとセメントや漆喰《しっくい》のように固まってしまいます。

人体への被害

ガラスから成る火山灰は大きさとしては非常に小さいものです。化学的な毒性はありませんが、人体にはいうまでもなく有害です。角が刃物のように尖《とが》ったガラスが、気管や肺を傷つけ、先述した珪肺のほかさまざまな病気の原因となります。喘息《ぜんそく》や気管支炎に罹患《りかん》している人は、火山灰が地面に5㎜積もると咳《せ》き込み始め、2㎝も積もれば健康な人にも症状が出ます。

また、火山灰が肌につくと、べたべたして取れにくくなります。顔や手はザラザラに荒れ、髪の毛や衣服の中にも細かい火山灰が入り込みます。目に入れば痛くて開けられなくなるだけでなく、角膜の表面を傷つけてしまいます。そのため、スキーのゴーグルのような防塵《ぼうじん》眼鏡やマスクも必需品となります。

さらに、多くの火山灰には火山ガスが付着しています。火山ガスとは、もともとマグマに溶けていた揮発性の成分です。9割以上は水ですが、二酸化炭素のほか、人体に有害な二酸化硫黄《いおう》、硫化水素、フッ素、塩素、塩化水素等も含まれます。これらが付着した火山灰が人体に入れば、神経障害を引き起こす恐れもあります。1988〜90年に南米チリのロンキマイ火山が噴火した折には、火山灰が付着した草を食べた家畜が大量に死にました。

家屋、農作物への被害

火山灰の重さもあなどれません。屋根に積もった場合、重さで押しつぶされるでしょう。雨が降るなどすると、1立方メートルあたりの火山灰の重さは20kgにもなると計算されています。

91年にフィリピンのピナトゥボ火山が噴火したときには、噴火当日に台風が襲い、大量の雨が降りました。そのため、通常よりかなり重さを増した火山灰が原因で、おびただしい数の家屋が倒壊しました。

富士山噴火によって仮に50㎝の火山灰が積もった場合、木造家屋の半数は倒壊するという被害予測もなされています（図4-2）。

火山灰は雪と違い、暖められても溶けて消えてくれません。降りやんだときに、急いで屋

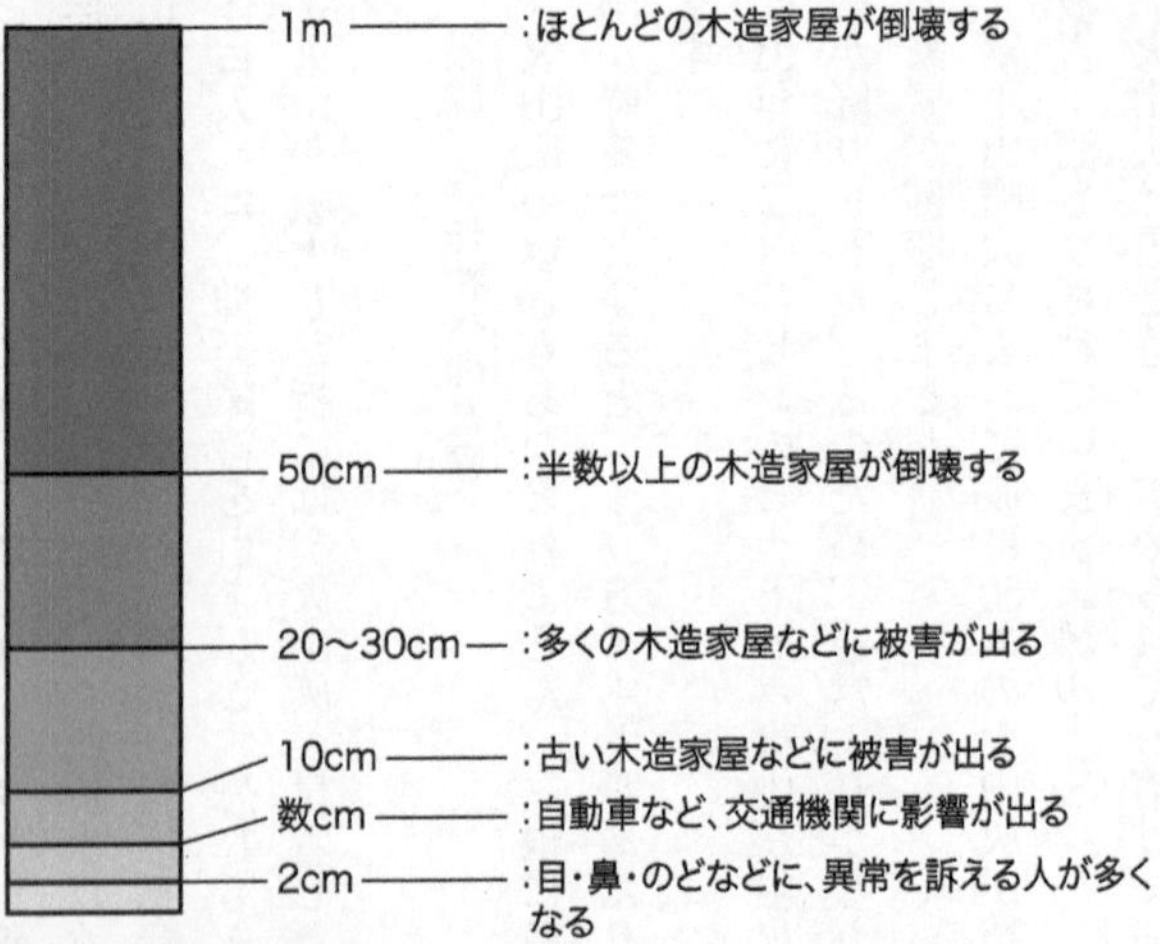
1m
：ほとんどの木造家屋が倒壊する
50cm
：半数以上の木造家屋が倒壊する
20〜30cm
：多くの木造家屋などに被害が出る
10cm
：古い木造家屋などに被害が出る
数cm
：自動車など、交通機関に影響が出る
2cm
：目・鼻・のどなどに、異常を訴える人が多くなる

図4-2　地面に降り積もった火山灰の厚さによる被害

根に積もった火山灰を除《の》ける必要があります。

ただし地面に落ちた火山灰は舞い上がります。水で洗い落とそうとしても、水にくっついてしまうため、流れません。そのため排水溝に落としても詰まってしまいます。道路に積もった火山灰も下水道に入り込んで排水管を詰まらせます。

ではどうすればいいかといえば、シャベルですくって袋に詰め、違う場所に移動させて処理するしかありません。

1955年以降、鹿児島県の桜島《さくらじま》では、毎日のように火山灰が降っていますが、そのつど土嚢《どのう》に入れて対処しています。

火山灰が植物の葉の上に降り積もった場合も、被害をもたらします。火山灰は葉の表面にこびりついて落ちないため、光合成が妨げられ、生長が止まってしまいます。草木は枯れ、農作物は壊滅状態に陥る可能性があります。

わずか2㎝の火山灰が降り積もっただけで、畑の農作物はほぼ枯れてしまいます。稲ならば0・5㎜の火山灰で1年間の収穫が無に帰します。畜産においても、2㎝以上の灰が降ることで牧草が枯れ、森林では1㎝の火山灰で樹木の半分程度に被害が出、10㎝積もれば壊滅状態になると言われます。

そこまでにはならないにしても、農作物においては、少しでも灰が付着すると出荷する「商品」としての価値が台無しになるでしょう。富士山噴火によって関東一円に火山灰が降り積もったら、野菜などの生鮮食品類の値段が高騰することも容易に予想できます。

ライフラインへの被害

ライフラインへの被害も考えておかなくてはなりません。たとえば東京湾周辺には、火力発電所がたくさんあります。もし富士山噴火後の火山灰が西風に乗って、風下にあたる東京湾に降った場合、火力発電所のガスタービンの中に入り込む可能性は十分にあります。

そのとき、発電設備の損傷は免れないでしょう。また電線に、雨に濡《ぬ》れた火山灰が付着すれば、碍子《がいし》から漏電し、停電に至ることもあり得ます。このように、火山灰は首都圏の電力

図4-3　雲仙普賢岳から1990年に噴出した火砕流（提供 島原市）

供給に甚大な障害をもたらす可能性があるのです。

他方、細かな火山灰は浄水場に設置されている濾過装置にもダメージを与えると考えられます。水の供給がストップする恐れもあるでしょう。

また現代の生活に欠かせないコンピュータ機器にとっても火山灰は大敵です。火山灰は細かな粒子ですから、これらが電子機器等の吸気口から吸い込まれてしまうと、中に付着します。静電気で吸い付けられるからです。コンピュータ類は誤作動を免れません。

実際、91年の雲仙普賢岳の噴火では、火山灰が原因で地震を観測する機器に付けられたコンピュータが止まり、火山の観測に実害をもたらしました（図4-3）。

通信、運輸、金融をはじめ、現在の産業のほとんどはコンピュータによって制御されているため、これらの機能がストップしたときの打撃は想像に余りあります。しかもホストコンピュータの大部分が首都圏に置かれているので、被害は日本のみならず世界へと広がる可能性もあります。各官庁も企業も、電子機器の小さな穴から火山灰が入り込むことへの対策までは取っていないようです。

交通機関への被害

交通機関への被害も見てみましょう。

たとえば新幹線は、すべてが電子制御されています。火山灰が5㎜も積もれば、信号機やポイントなどの電気系統は故障し、想定不能の障害が起こるでしょう。

鹿児島市では現実に、桜島から噴き出る火山灰の影響で鉄道の運行がたびたび止まっています。このため2011年に全線開通した九州新幹線では、モーターと車輪をつなぐギアボックスを完全密閉するなど火山灰対策が取られています。

さらに火山灰は自動車の運転にも影響します。火山灰が降ると、日中でも薄暗くなり、視界が悪くなります。車は火山灰を巻き上げながら通行し、舞い上がった火山灰がエンジンフィルターを詰まらせます。結果、道路には走れなくなった自動車による立ち往生が発生するでしょう。

実際に、火山灰が1㎜積もると時速30㎞以下に、5㎜積もると時速10㎞以下に走行速度が低下するとされています。

火山灰をワイパーで除こうとすれば、フロントガラスの表面が傷つき、すりガラスのようになるので、頻繁にウォッシャー液をかけながら使う必要があります。またエアフィルターやオイルフィルターは、火山灰が詰まって機能低下する前に交換しなければいけません。富士山噴火が起きた場合は、このような対策が実際に必要となるでしょう。

ちなみに自動車メーカーでも火山灰対策のために、トヨタ自動車では「鹿児島仕様」車、日産では「火山灰仕様」車を生産していました。いずれも主にウォッシャータンクの大型化や外装の防錆《ぼうさび》対策を施していましたが、いまは2社ともディーラーで扱いがなく、むしろ降灰後のメンテナンスが重視されているようです。

さらに航空機も心配です。富士山周辺には、西日本と東日本を結ぶ航空路がひしめき合っています。また富士山の東側には羽田《はねだ》空港と成田《なりた》空港があり、横田《よこた》、厚木《あつぎ》、木更津《きさらづ》、入間《いるま》、百里《ひゃくり》といった自衛隊と在日米軍の基地もたくさんあります。富士山東方には国際航空路も多く、これらの風下にある空港や航路が使用不可能になる可能性があるのです。火山灰が、航空機やヘリコプター、船舶のエンジンを止めてしまうからです。

火山灰は550℃を超えると軟らかくなり始めますが、エンジンの燃焼室の温度は

1000℃ほどあるので、中に吸い込まれた火山灰は溶けてしまいます。さらに燃焼室から出ると一気に冷やされるため、火山灰はまた固まって岩石となり、燃焼ガスの噴射ノズルをふさいでしまいます。

エンジンを止めるまでいかなくとも、火山灰が航空機の窓ガラスに当たってひび割れを起こしたり、機体に傷をつけたりもします。そのため先ほど述べたように、火山灰が舞う領域は飛行禁止とする国際的な取り決めもあります。

火山灰被害のシミュレーション

ここまで火山灰の被害を詳細に述べてきましたが、ここで富士山が宝永の大噴火と同規模で噴火し、15日間続いたと想定し、その火山灰被害がどのようになるか、シミュレートしてみましょう（図4－4）。

静岡県御殿場《ごてんば》市では1時間に1～2㎝の火山灰が降り続き、最終的には120㎝まで積もります。神奈川県横浜市では、1時間に1～2㎜の火山灰が断続的に降り注ぎ、最後には10㎝の高さになります。これらは江戸時代の記録とほぼ同じ数字です。

東京都新宿《しんじゅく》区では、噴火開始後13日目から1時間に1㎜の火山灰が降り、最終的には1・3㎝積もります。

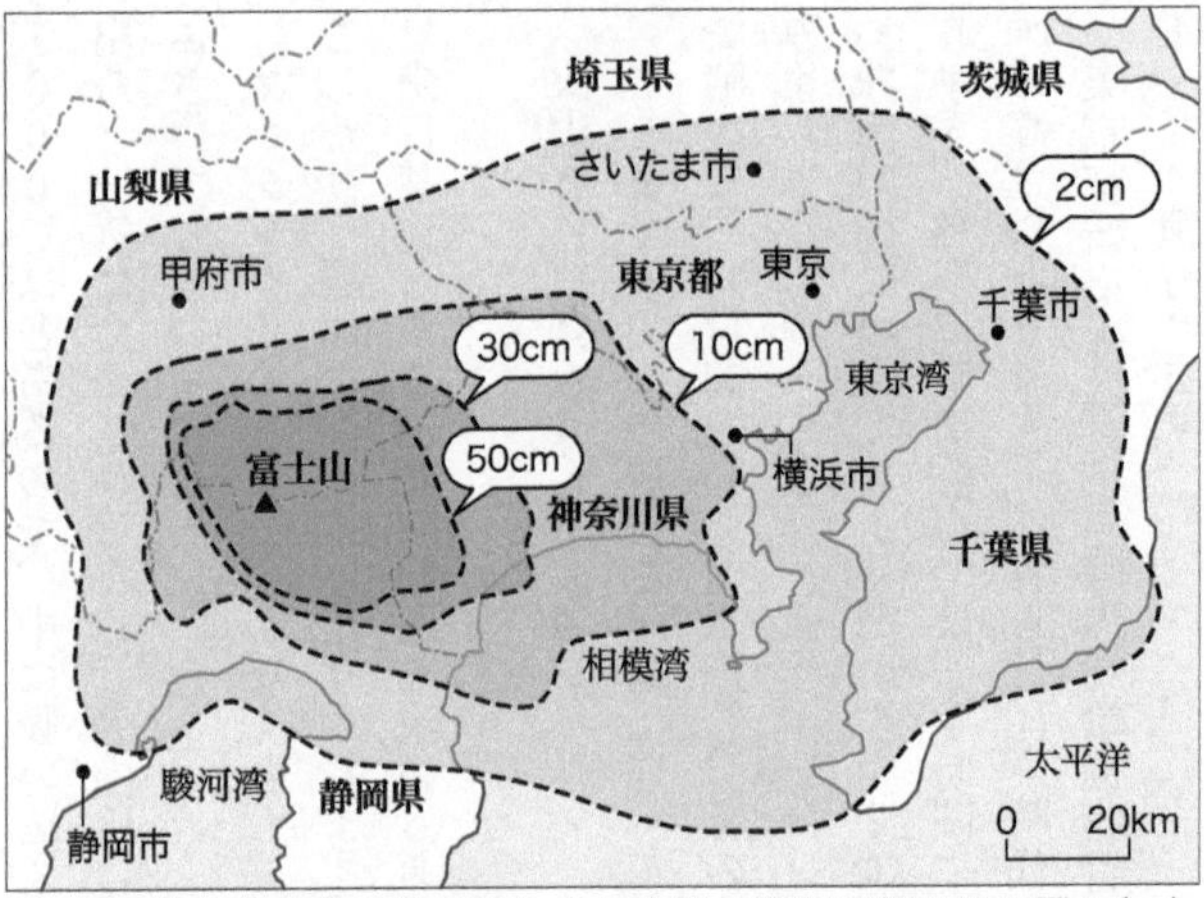

図4-4　富士山噴火で降り積もる火山灰の降灰予想地域と厚さ（㎝）

降り積もった火山灰によって、富士山周辺では建造物倒壊などの被害が出る以外に、噴火から10日が過ぎたころには首都圏全域で道路・鉄道・空港・通信・金融など多方面に影響が及ぶ恐れがあります。

たとえば１９９１年にフィリピン・ピナトゥボ火山が噴火したときには、国際情勢にも大きな影響を与えました。大量に降った火山灰が原因で、風下に位置した米軍クラーク空軍基地が使用できなくなったのです。米軍はその後、フィリピン全土からの撤退を余儀なくされました（図４－５）。

富士山噴火によっても、同様の被害は想定され得ます。神奈川県にある厚木米海軍飛行場と海上自衛隊厚木航空基地に関する在日米軍の戦略が変化する可能性もあります。実際、火山灰への対策は、日本の危機管理項目に数えられています。これは専門家から見れば大袈《おおげ》裟《さ》でも何でもありません。

図4-5　1991年に噴火したピナトゥボ火山から降り積もった火山灰の重みでジェット機が傾いてしまった（提供　米国地質調査所）

異常気象ももたらす

大噴火が発生すると、火山灰は噴煙となって高度30㎞の高さまで上がります。地表に現れたマグマにより熱せられた空気は軽くなり、噴煙をいっそう高く持ち上げるからです。それのみならず、マグマは火口から上に向かってジェットのように噴出するため、この力も火山灰を高く持ち上げます。柱のように立ちのぼった噴煙を「噴煙柱」と呼びます。

上空高く持ち上げられた火山灰は、対流圏を突き抜け、地上約10㎞より上にある成層圏に達します。先に触れたフィリピンのピナトゥボ火山の噴火では、日本の人工衛星「ひまわり」によって噴煙柱が成層圏に入った様子が撮影されています。

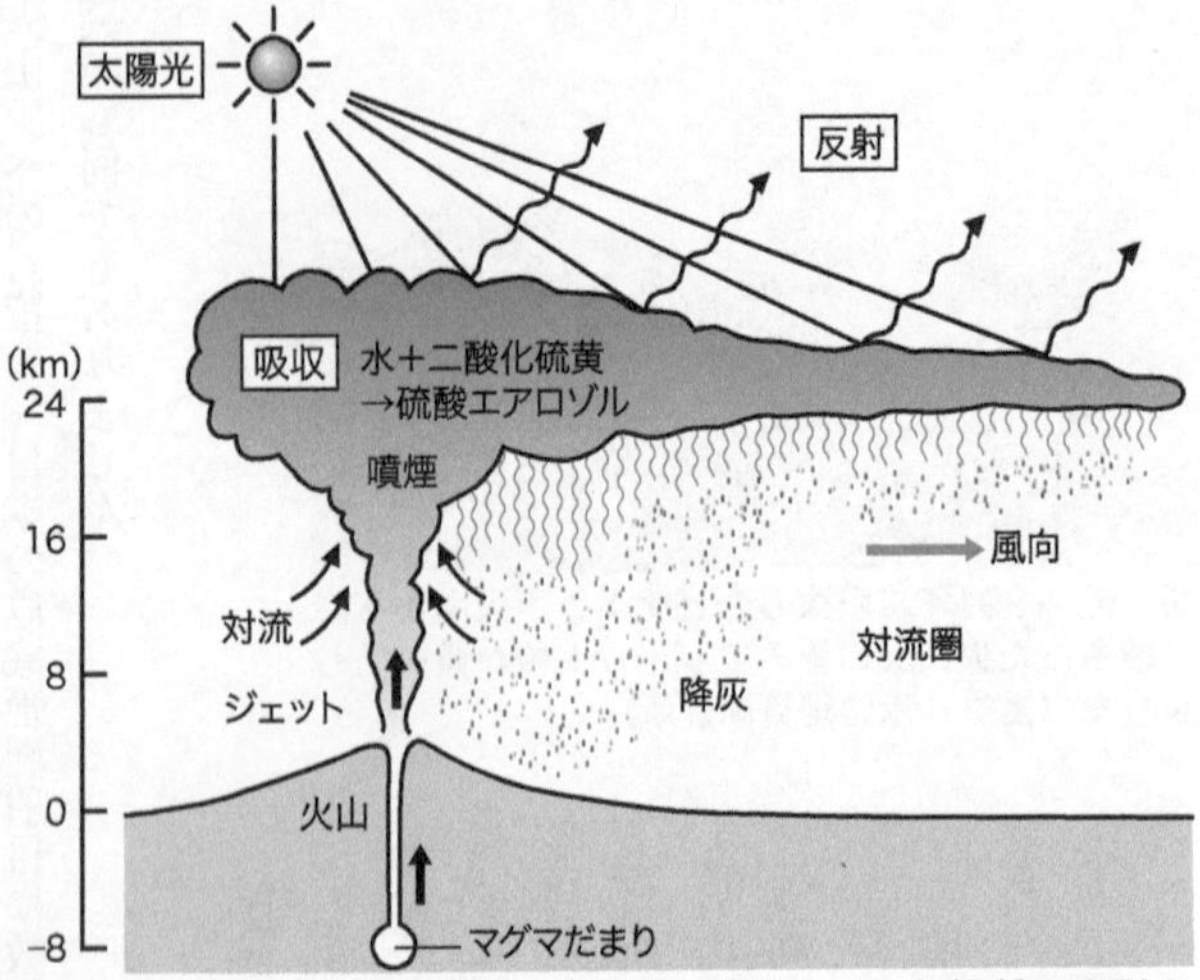

図4-6　大規模な噴火で大量の火山灰が噴出すると気温低下を引き起こす

ある高さまで達し、上昇する力がなくなった火山灰は、今度は横に広がります。「噴煙の傘《アンブレラ》」という現象として知られ、一定の高度で停滞し、火山灰の雲をつくります。火山灰は、この横に広がった「傘」の下に降るのです。

　火山灰には火山ガスが付着していることは、すでに述べました。当然噴煙にも火山ガスが含まれますから、これが成層圏に達すると、火山ガス中の二酸化硫黄は大気中の水と反応し、直径1μ《ミクロン》以下の微細な硫酸滴（エアロゾル）となって拡散します。ちなみに1μ＝1000分の1㎜です。

　これが太陽光エネルギーを吸収することによって、対流圏や地表の温度低下を招きます（図4－6）。

大規模な火山噴火はこのように、地球規模の異常気象をもたらします。実際に１９６３年のインドネシア・アグン火山の噴火、82年のメキシコ・エルチチョン火山の噴火、91年のフィリピン・ピナトゥボ火山の噴火の後、異常気象が観測されています。エルチチョン火山の噴火では、「貿易風」に乗ってエアロゾルが地球を一周したため、数か月後には世界各地でエアロゾルが観測されました。このときの噴火で北半球の平均気温は０・５℃ほど下がったという報告まであります。

（2）溶岩流

富士山の溶岩はサラサラで、流れは長大

火山灰や軽石と同様に、溶岩の元もマグマです。１０００～１３００℃もあるマグマが液体のままで地表に流れ出たり、地表近くまで貫入（地層を貫きとおすこと）したりしたものが溶岩です。

マグマが大量に流出して大きな池をつくると溶岩湖となり、高く噴き上がる溶岩は溶岩噴泉といいます。

液体の溶岩は、地表に現れた地点から標高の低いほうへ流れますが、地形に沿ってかなり遠くまで流れ下ることがあります。その流れは、溶岩の「粘性」で決まります。「粘性」とは粘《ねば》り気のことですが、粘性が大きいとドロドロし、小さいとサラサラ流れます。

粘性は、温度と化学組成によって決まります。温度が低いほど流れにくくなり、高温になるほどサラサラ流れます。化学組成としては、溶岩に含まれる二酸化ケイ素の量が大きく影響します。二酸化ケイ素は粘り気をつくる原因となり、少ないと粘性が下がります。

富士山は、粘り気の少ない玄武岩のマグマからできた火山です。1万1000年前に噴出した三島《みしま》溶岩は、山の南東側中腹から流れ出て現在の三島駅を越え、海岸近くにまで達しました。

幅は数百mに及び、30㎞にわたって流れたことになります。このときの溶岩は、今も三島駅北口を出た場所などでその断面を見ることができますが、日本で見られる溶岩流としては最大級のものです。

富士山は長大な溶岩を流す代表的な山ですが、量が多いことでも知られます。北西麓《ろく》の富士五湖一帯に広がる青木《あおき》ヶ《が》原《はら》溶岩は、大量の溶岩が流れ出た例の代表です。平安時代の貞観年間に起きた「貞観噴火」(864~866年)の際に噴出しました。この噴火は富士山では最大級の噴火で、剗海《せのうみ》という湖が分断されて、現在の西湖《さいこ》と精進湖《しょうじこ》ができたと考えられてい

図4-7　青木ヶ原溶岩に分断された西湖と精進湖（出典　静岡大学防災総合センターのホームページ）

ます（図4－7）。

代表的な4つの岩石

火山にまつわる岩石は様々ありますが、富士山のみならず、日本では4つの岩石名を知っていればいいでしょう。玄武岩、安山岩、デイサイト、流紋岩です。

マグマが地上に出て固まって岩石となったものが火山岩ですが、この4つの火山岩は、それぞれ色が異なり、表面の模様も違います。

火山岩の種類は二酸化ケイ素の量で分けられていて、玄武岩、安山岩、デイサイト、流紋岩の順で二酸化ケイ素が多くなり、その量が増えるほど色が白くなります。二酸化ケイ素が増えると、色を黒くする鉄などの他成分が減るために、白っぽくなるのです。

これらの火山岩は、地表に現れたときの温度もそれぞれ違います。玄武岩は約1100℃、安山岩は約1000℃、流紋岩で900℃ほどです。つまり二酸化ケイ素が多いほど、温度は低くなります。

溶岩流のシミュレーション

さて、再び富士山の噴火でシミュレートしてみましょう。

富士山のハザードマップでは、溶岩流の進路も想定されています。最初に、噴火の火口範囲がどのようにして予測されたのかを確認したいと思います。

これまでに溶岩を出したことのある富士山火口の位置を書き込みます。これは「実績火口」と呼ばれ、5600年前より後にできた火口の位置です。

なぜ5600年前かというと、富士山が史実に残る噴火とだいたい同じ噴火を始めたのがこの時期からだからです。過去の火口を調べると、富士山のかなり下のほうにも実績火口があることがわかりました。

これらの場所の地下では、山頂火口の直下から伝わったマグマが、岩石を割って横方向に入ってきていました。そのため、山頂と実績火口をつなぐ途中の場所にある複数連なった「割れ目火口」から、今後も噴火が起こる可能性があります。さらに、地表に堆積物があることで未確認の実績火口があることも想定されます。

とはいえ富士山では、火口と火口のあいだの距離が1㎞を超えることはまずありません。したがって、今後の噴火で生じる火口も「5600年前」以後にできた実績火口の位置から1㎞以内にできると予測されます。

以上が将来の火口が想定される「想定火口範囲」ですが、これらの範囲から溶岩が流れ出すとどうなるか、コンピュータ上で数値シミュレーションをおこないます。溶岩流に対する防災では、「どこから流れるか」「どの範囲まで流れるか」「どのくらい時間がかかるか」「厚さはどれくらいか」を予測する必要があります。

また、溶岩は流れ下る過程で冷えていき、最後に固まる状態が想定され、溶岩流の規模としては「噴出総量」と「噴出流量」が想定されました。噴出流量の大きいほうが噴出総量も大きくなると考えがちですが、実はそうではありません。先にも説明した青木ヶ原溶岩がいい例ですが、流量の少ない溶岩が何年もかけて流れていました。つまり、噴出流量の小さいほうがむしろ長期化し、結果として大量の溶岩を流します。

可能性マップから読み取れること

溶岩流の到達範囲を示す地図は「溶岩流の可能性マップ」と呼ばれ、「時間」と「範囲」の情報が盛り込まれます。このマップは、前出の「想定火口範囲」が中央に示され、その周囲に時間ごとに区切られた溶岩流の想定到達範囲が示されています。

時間は2時間から7日間までの6段階に分けられ、最終的な到達範囲（最大で57日）も描かれます（図4－8）。

ただし、可能性マップはすべての情報を総合した図であるため、どれほどの規模の噴火がどこから起こるかを考慮して解読しなければなりません。

このようにしてできた溶岩流の可能性マップからは、何が読み取れるでしょうか。まず、溶岩流は一般的にそれほど速く流れないので、流出が確認されてから避難を始めても余裕のある場合が多いと言えます。

しかし可能性マップを見ると、山麓にある火口周辺などでは、溶岩が短時間で到達する恐れがあります。また富士吉田《ふじよしだ》市や御殿場市の一部には、24時間以内に溶岩が流れ下る可能性があります。こうした地域では、速やかな避難が必要でしょう。

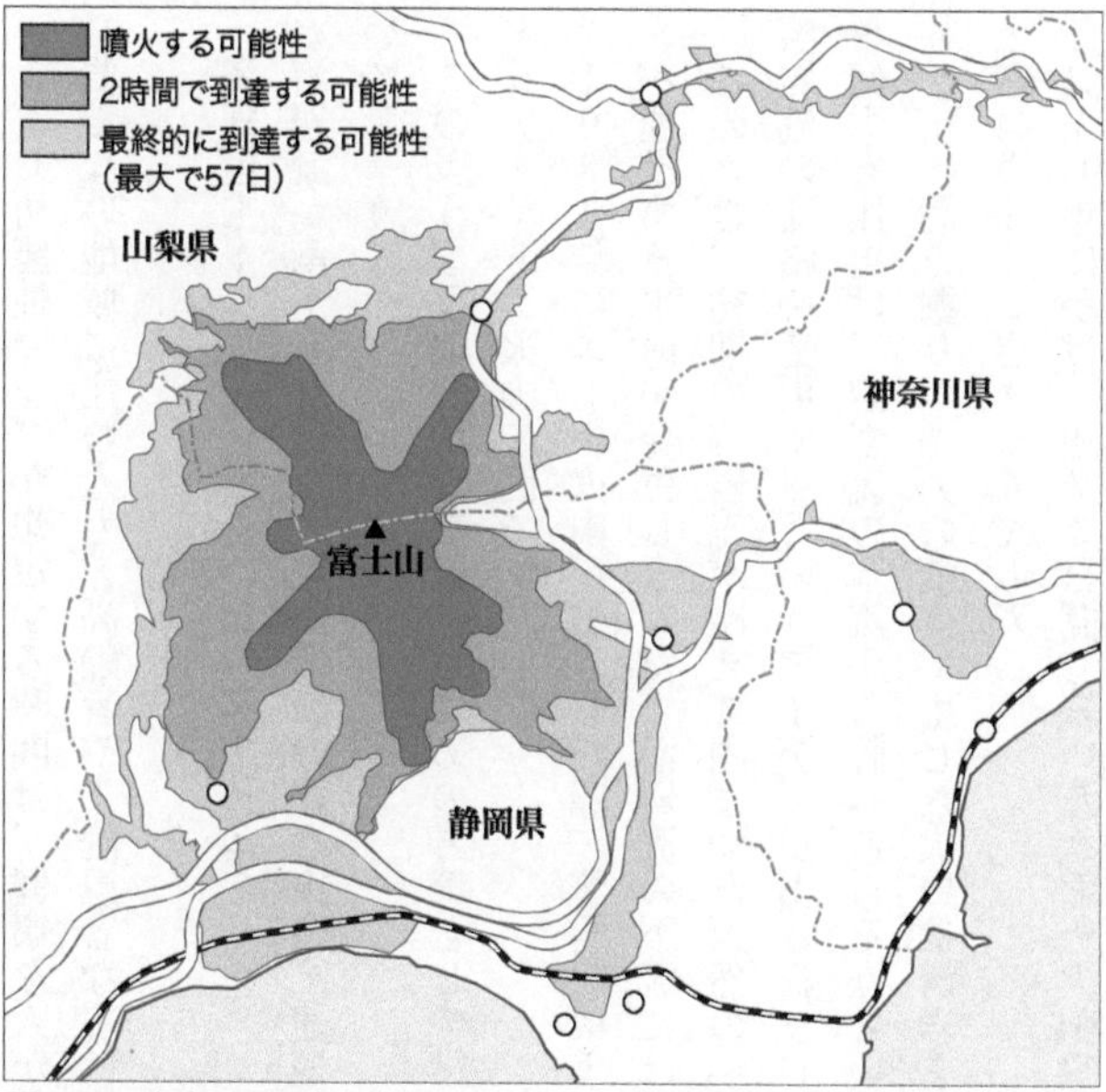

図4-8　溶岩流の到達範囲の予測図（出典　富士山火山防災対策協議会資料）

緊急避難が必要でない地域でも、噴火が長く続いて溶岩が大量に流出した場合は、避難の必要が生じます。とくに大規模噴火では、噴出総量と噴出流量がいずれも増えるため、注意しなくてはいけません。

これらを念頭に置き、「緊急に避難する範囲」「緊急性は低いが避難が必要な範囲」「大規模噴火の場合に避難が必要になる範囲」という3つの観点からハザードマップを把握しておけば、まずは十分と言えるでしょう。

ただし可能性マップが想定する時間は、健康な人が行動するときの時間です。緊急避難が必要でない地域に住む人も、高齢者や入院患者などは早めの避難を心掛ける必要があります。

爆弾投下で！　溶岩流を食い止めたイタリア

溶岩流が南下した場合、東海道《とうかいどう》新幹線や東名《とうめい》高速道路が寸断されることを心配する人も多いでしょう。

このような危機的状況を避けるための方策として役立つのは、溶岩流の制御に成功したイタリア・エトナ火山の例です。

1983年にエトナ火山が噴火した際、溶岩流によってロープウェイの発着場やレストランが埋没する事態が発生しました。溶岩流の下流にはニコロージなどの市街地があります。

このとき、初期の溶岩流が冷えて固まった天然の「溶岩堤防」ともいえる塊を破壊して、溶岩流の進路を変更するというアイデアが出されました。溶岩堤防側面の崖にダイナマイトを何本も仕掛け、溶岩流の本流から脇へ逸《そ》らそうという狙いです。本流の右岸サイドに深さ約2mの溝を掘り、過去の噴火で生じた火口に溶岩を誘導しようとしたのです。ただ、このときはうまくいきませんでした。

91～93年にかけ、473日間も続いたエトナ火山噴火の際にも、同じ試みがなされました。

総計2億5000万立方m以上となった溶岩が、このとき毎秒6立方mの割合で流れ出し、7㎢の地面を覆いました。

流れ下る先は、エトナ火山南東にあるザフェラーナの町です。とくに92年1月には、厚さ10mもある溶岩が、火口が直線上に続く「割れ目火口」から5・5㎞も流れ出しました。陸軍と消防士たちは、それに対して長さ234m、高さ21mの障壁を築きました。

ところが障壁の基礎部分に溶岩流が達すると、約1か月で障壁を越えてしまいました。溶岩は急斜面部分で加速し、ザフェラーナの住民7000人を脅かします。最終的に溶岩流は、ザフェラーナから離れた2軒の家を破壊し、果樹園をも覆い尽くしました。

そこで、溶岩がつくり出した土手の上部を、空から爆弾を投下することで壊し、人工の側溝に溶岩を流し入れようという火山学者考案のアイデアが実行に移されました。

まずは溶岩流の本流にある「溶岩トンネル」に溶岩の塊を投げ入れて流れを堰《せ》き止めます。内部を熱い溶岩が流れ下るトンネル状の通路が「溶岩トンネル」で、溶岩を何㎞も下流に運ぶことができます。コンクリートの巨大な塊も投下して溶岩の流れを食い止めようとしましたが、決定的な効果が得られませんでした。

ところが実際には7トンもの爆弾投下が功を奏し、溶岩をようやく寸断させることができました。流れが別の進路を取るようになったのです。溶岩は町の手前にある谷に堆積し、ザフェラーナは町の破壊を免れました。

爆弾投下によって溶岩流の方向を変える試みは、ハワイ・マウナロア火山でもおこなわれました。1935年、ヒロ市に向け流れ出した溶岩流に、流路変更を目的に陸軍航空隊が大量の爆弾を投下しました。溶岩トンネルの破壊には成功したものの、それ以上の成果は得られずじまいでしたが。

爆弾を使用する場合、溶岩の流れを直接変えるより、火口の近くにできた「火砕丘《かさいきゅう》」を破壊したほうが効果的だ、という考え方もあります。火砕丘とは、スコリア（二酸化ケイ素の少ない黒っぽい軽石）や火山灰が降り積もって円錐《えんすい》状の小山をつくったものです。現に、42年のマウナロア火山の噴火では、噴出源にあった火砕丘が自然に崩れたことで、溶岩流の進路が幸運にも変わりました。

溶岩流に関する防災上のポイント

富士山の溶岩流への防災上の注意点は、次のようにまとめられます。

・富士山の溶岩は、多くは単独で流れ出し、速度は人が走るほどなので、状況に応じ段階を踏んだ避難や対応が可能である。

・溶岩は必ず地形に沿って流れるため、微地形を確認し、流路を予測することは十分に可能である。また溶岩の流れ下る範囲と時間も、ある程度予測することができる。
・流路を変える工事のほか、放水により溶岩流を固めてしまう方法もある。たとえば溶岩が南下し、駿河《するが》湾沿いの市街地の近くまで迫った場合は、海水を放水する作戦が効果的だろう。実際、1973年、アイスランドのヘイマエイ島で漁港に迫る溶岩を海水の放水で食い止めた例がある。
・大量の溶岩が湖や海に流れ下った場合に起こす水蒸気爆発は危険である。これは、マグマの熱により水が一気に蒸発し、体積が約1000倍以上に増えるために起きる爆発（「マグマ水蒸気爆発」）である。爆発が激しいときは、岩石を周囲に飛び散らせる恐れがあるため、要警戒である。
・溶岩は、流域にあるすべてのものを埋積して火災を起こすことがあるが、被害を及ぼす範囲は、溶岩の流れる流域に限られる。
・溶岩は、一般になかなか冷えないので、溶岩に覆われた範囲を迅速に復旧することは困難である。常温まで冷却するには数か月から1年を要する。

なお、富士山での溶岩流に対しては、三次元のハザードマップもつくられています。溶岩が最大45日でどの地域まで到達するかなど、二次元ではイメージしづらい範囲の災害も、実感しやすくなっています。

なお三次元のハザードマップは、国土交通省中部地方整備局富士砂防事務所のホームページで公開されており、誰でもアクセスできます。

(3) 噴石と火山弾

猛スピードで降ってくる

火山が噴火するときに火口から放たれる岩の塊が「噴石」です。火山灰や溶岩流と異なり、噴石は猛スピードで上空から降ってくるため、直接的で深刻な被害をもたらします。

「火山弾」も、噴石と同様に警戒すべきです。噴火時に突然噴き出すため、リスク回避のためには十分な知識をもって備える必要があります。

噴石も火山弾も、噴火の際に火口から飛び出します。両者の違いですが、火山弾の方はマグマがまだ軟らかく、さまざまな形状に変化し得るものをいいます。動き方の特徴は、どちらもほぼ同じと考えて差し支えありません(拙著『火山噴火』岩波新書を参照)。

噴石の元の姿は、火口を埋めていた溶岩です。噴火によって溶岩が砕かれ、多様な大きさの岩の塊となって放り出されます。穏やかだった噴火が爆発的なものへと切り替わると、これらの岩の塊はかなり遠方まで放たれます。小石程度の小さなものから、直径１ｍを超える巨大な噴石もあります。

大きな噴石は飛んでいく方向が予測でき、また大きさと飛距離のデータを集めることで、過去の噴火による爆発エネルギーを計算することも可能です。これに対して直径約10㎝以下の小さな噴石は、火口近くに堆積するだけでなく、噴煙柱に含まれると空気抵抗が大きくなり、風下へと流されます。噴石は、大きさによって飛び方と流され方が異なることが、大きなポイントです。

図4-9　イタリア・ブルカノ島の巨大な噴石。「ブルカノ式噴火」で飛来した（著者撮影）

火山弾は形状によって「紡錘《ぼうすい》状火山弾」「リボン状火山弾」「牛糞《ぎゅうふん》状火山弾」「パン皮状火山弾」等と呼ばれます。

一般に、64㎜より大きな噴石が「火山岩塊」と呼ばれ、それ以下のものは「火山礫《かざんれき》」と言います。巨大な火山岩塊は直径が数十ｍもあり、その大きさには上限がありません（図4－9）。

噴石放出の予知は困難

噴石放出の予測は難しいため、火山の専門家ですら被害に遭ったことがあります。1993年、南米コロンビアのガレラス火山が噴火した際、突然始まった小規模噴火で飛んだ噴石に当たり近くにいた9人が死亡しましたが、うち6人（5人という説もあります）は調査中の火山学者でした。

また、噴石が高温の場合は火事を起こすこともあります。1783年の浅間山《あさまやま》大噴火（長野県）では、噴石衝突による死者が出て、民家の屋根が焼失したという記録が残っています。近年では1986年に鹿児島県桜島で噴石が麓《ふもと》の古里《ふるさと》温泉を直撃しました。古里温泉では、飛来した噴石が旅館の玄関ロビーの屋根を大破させ、6人の負傷者が出ています。

2000年の有珠山《うすざん》噴火（北海道）では、国道230号に多数の噴石が降り、建物や道路を穴だらけにしました。同年8月にも、伊豆諸島の三宅島《みやけじま》山頂から直径1mもある噴石が放出され、都道に大きな穴を開けたうえに山頂付近の公衆トイレを激しく破損しました。

噴石被害に遭わないために有効なのは、降る可能性のある場所から離れることしかありません。私の経験上、噴石は火口から4㎞ほどの範囲に降ることが多く、さらに直径1mを超える大型の噴石は、火口から約２㎞の範囲内に落下します。

小さい噴石の場合、その飛び方は風向きと風速に左右されるため、地元の気象台が発表する情報をこまめに入手すること、また噴煙の流れ方を注視することが重要です。

噴石が飛ぶ方向は、火口の形の影響も受けます。火口をつくっている壁が低い方角には、より大きくて多量の噴石が飛んでいきます。したがって空中写真で火口の形を知っておけば、どの方角に噴石が飛びやすいか予測が可能でしょう。

現段階で、噴石放出に関する予知は研究途上にあります。本書で皆さんに知っておいてほしいのは、噴火が始まったら真っ先に降ってくる可能性が高いのは噴石だ、ということです。また、たとえ小規模噴火でも、火口周辺には無数の噴石が落下することも覚えておきましょう。

噴石に関する3つの状況

噴石が飛んでくる状況には３パターンが考えられます。それらは、次の噴火のタイプによって決まります。１から３に進むに従って、噴煙の高さが大きくなります。

１　ブルカノ式噴火（浅間山や桜島のように、比較的小規模な噴火によって噴石が飛ぶ噴火の

タイプ）

ブルカノ式噴火で放出される噴石には、角張ったものが多く見られます。火口の中に溶けたマグマがあるときには、火山弾も飛散します。連続的には起きず、噴石や火山弾を放出するとしばらく休み、数分から数時間おきに爆発を繰り返すのが、ブルカノ式噴火の特徴です。

日本ではブルカノ式噴火がかなり頻繁に起きています。日本にもっとも多い安山岩マグマの粘性が、爆発を起こしやすい性質を持つからです。

2　ストロンボリ式噴火（山頂の側火口からマグマのしぶきを断続的に噴き出す噴火のタイプ）

粘性の小さい玄武岩のマグマ噴火によって起こります。規模の大きい溶岩噴泉が起こると、飛び出したマグマが上空数百ｍまで上がり、まれに火山弾が火口から１㎞も飛ぶことがあります。また粘性が小さいため、溶岩の流れは速く、麓まで到達します。しかし爆発的な噴火ではないため、ほかのタイプよりも比較的安全に進行します。またこの噴火ではしばしば火砕丘を形成します。

3　プリニー式噴火（最大規模の噴火にともなって、噴石が広域に降り積もる噴火のタイプ）

噴煙が何万mも高く上がる大規模なプリニー式噴火では、危険な火砕流（次節、131ページ参照）の発生をしばしば伴います。噴火が終わると、残りのマグマが火口やカルデラ（陥没構造）からゆっくりと出てくることがあります。このマグマはすでにガスが抜けているので、火口周辺でドーム状に固まり、溶岩ドームをつくることが多く見られます。富士山の、過去最大規模の噴火とされる1707年の宝永噴火も、このプリニー式噴火の一例です。

富士山の噴石到達距離は

富士山が噴石を噴き出す場合、とりわけ注意しておくべき噴火のタイプは、2のストロンボリ式噴火と、3のプリニー式噴火です。プリニー式噴火の場合は、噴石の到達距離の上限は4kmとされています。

ストロンボリ式噴火が起きた場合の噴石の到達距離は、経験値から、ブルカノ式噴火で飛来する噴石の平均的な到達距離とほぼ同じ、もしくはそれより短い、とされました。

たとえば近年の桜島で、ブルカノ式噴火を起こしたときの噴石は山頂火口から約2kmの地点まで飛んでいます。このことを参考に、ストロンボリ式噴火のケースにおける到達距離は最大２㎞とされました。

富士山でも、これら2つのケースに分けて噴石の到達距離の上限を想定しておくべきです。「噴石の可能性マップ」においても、プリニー式噴火とストロンボリ式噴火が想定されています。

大規模なプリニー式噴火による４㎞範囲と、中・小規模のストロンボリ式噴火による２㎞範囲を合わせ、もっとも外側に線を描いた噴石の可能性マップを確認しておくといいでしょう。具体的には、旧・上九一色《かみくいしき》村（現・甲府市、富士河口湖町）や鳴沢《なるさわ》村では、噴石放出が始まったら迅速に避難すべきです。

補足すべきは、風の有無です。粒径の小さな火山礫が飛んだ場合、風のないときでは右に挙げた数字よりも到達距離は短くなります。反対に風が強いときは、風下側ではかなり遠くまで運ばれることになります。

噴石による不意打ちを食らわないために

直接当たるとケガをし、死亡することもあるのが噴石です。飛ぶ速度が速く、屋根や壁を貫通したり建造物を破壊したりしてしまうのも、噴石の厄介なところです。また高温の火山弾が降ってくれば、火傷や火災の原因にもなります。

２０１４年9月に起きた御嶽山の噴火では、火口周辺にいた60名近い登山者たちが犠牲となりました。彼らの命を奪った最大要因は、突然降り出した噴石でした。噴火の規模は比較的小さかったのにもかかわらず、多大な人的被害がもたらされたことに、火山関係者はショックを受けました。

このとき火口から雨のように降り出した噴石の速度は、火口から１㎞離れた地点でも、秒速１００ｍ（時速３６０㎞）を超えたといいます。

噴石が降り始めると、道路にも大きな穴を開けるなどのダメージを与えます。噴石が降っている地域での救助を行うには、岩石が当たっても操縦できる装甲車などの特殊車両が必要です。

噴石が降り始めたら、避難路を確保するのは難しいと覚悟しなくてはなりません。さらに噴石が飛んでいるあいだは、上空からの救助は不可能です。

ただ、噴石が降ってくる時間は、一般的には短いと考えていいでしょう。噴火と同時に噴石の放出が始まり、数十分ほどの短時間で終わるのが一般的です。一方で、噴石放出は断続的に起こることもあるため、小康状態を保った後に突然再開されることにも注意しなくてはなりません。

突然の噴石襲来を避けるため、シェルターが役立つこともあります。阿蘇山の中岳《なかだけ》火口周辺や浅間山鬼押出《おにおしだ》し溶岩分布域、伊豆大島の三原山《みはらやま》等には、観光客が逃げ込むためのシェルターが実際に設置されています。

現実に噴石を防ぐ効果的な方法としては、真っ先に逃げる以外にありません。そのためにも、噴火初期に噴石の放出が起こることは覚えておいてください。次に、噴石に気づいたときは決して慌てず、シェルターなど堅牢《けんろう》な建物が近くにあれば、迅速に避難してください。

屋外では、カバンでも荷物でも、持っているものを頭にかざして保護してください。自動車には可能ならばカバーやレジャーシートをかけましょう。

山中や火口近くで噴石に遭遇したならば、噴石の弾道を避けることはそれほど難しくありません。火口付近で上から落ちる噴石は、一般に速度が遅いからです。

逆に火口から2㎞より離れた場所では、その速度が速いので、目で追いかけて避けることはできなくなります。そもそも2㎞以上離れていれば、それほど大型のものは飛んでこないでしょう。

たとえば、大型の噴石が3㎞の距離まで飛んでくるには約30秒かかると予測されています。これより小さなサイズでは約3分かかります。いずれにせよ、噴石がやって来る前に逃げることが鉄則です。自然災害は何でもそうですが、不意打ちを食らった場合に被害が最大となります。噴石は、その代表例だといえます。

（4）火砕流・火砕サージ

高速・高温の危険な流れ

火砕流とは、マグマの破片や石片、ガスなどさまざまな物質が1つとなって流れる現象です。ドロドロとしている溶岩流とは異なり、モクモクとした煙のような外見です。

火口から噴き出す火砕流は、まるで原子爆弾のキノコ雲が地表を這《は》うようにして、時速100km超の猛烈なスピードで移動します。自動車に乗っていても逃げられません。

また、一般的な火砕流の温度は500℃を超えるため、夜に遠くから眺めると赤く光って見えます。こうした有り様は、1991年から約4年間、雲仙普賢岳で発生した火砕流でも確認されました。

つまり火砕流は、高速・高温のきわめて危険な流れで、通過した地域をすべて焼失し尽くしてしまうのです。

火砕流が凹凸のある地面を通過するときは、周囲の空気が火砕流に取り込まれ、体積を膨張させます。中に含まれるマグマ由来のガスも、体積増加に寄与します。火砕流は上空に向かうことはなく、拡散しない固体と気体が一群となって地を這うわけです。ときには大きな岩石まで運びます。火砕流の流動性が高いのは、細かい火山灰と大量の気体が含まれるからで、このように固体と気体が攪拌《かくはん》されながら流れる状態を「粉体流」といいます。

1902年、カリブ海にあるマルティニーク島のプレー火山で発生した火砕流は、サンピエールの町に住む2万8000人もの人々を吹き飛ばし、死亡させました。

富士山で発生する可能性のある3タイプ

富士山が噴火したときに発生が予測される火砕流のタイプは、だいたい次の3つに分けられます（図4-10）。

1　溶岩ドームが崩れて発生するタイプ
2　高く上昇した噴煙柱が崩壊して発生するタイプ
3　火砕物が急斜面に落下した直後に走り出すタイプ

1は、溶岩ドームの大きなブロックが砕ける際に、急斜面を転げ落ちることで発生する火砕流です。インドネシアのメラピ火山（ムラピ火山）でしばしば観察されるため、「メラピ型火砕流」と呼ばれます。

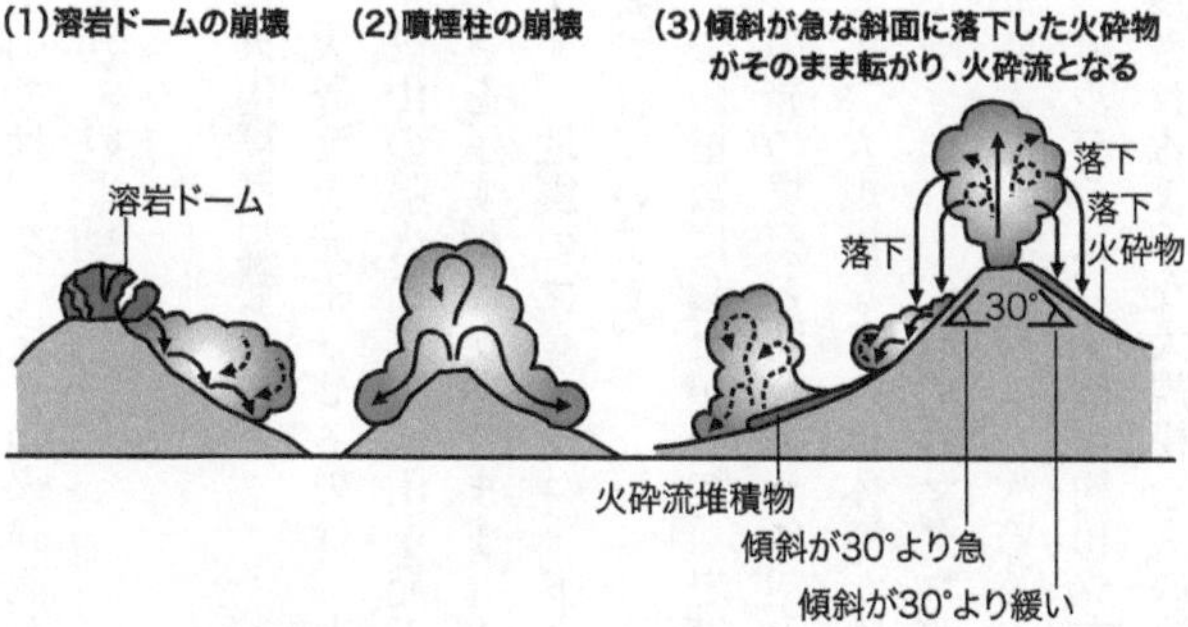

図4-10　火砕流が発生する3つのメカニズム

2は、開いた火口から火砕流が一気に流れ出るもので、「スフリエール型火砕流」とも呼ばれます。いったん火口から上空に噴煙柱がのぼってから、崩落して火砕流となることもあります。前述のメラピ型よりも広範囲にわたって流れ下る点が特徴です。なおカリブ海のセントビンセント島にあるスフリエール火山にちなみます。

3は、山頂から噴き出したマグマが、傾斜角30度を超すような斜面に落下したときに発生します。高温のマグマは斜面にへばりつくことができないため、下方へと流れます。ここで急に破砕が進み、粉体流が発生するのです。結果、火砕流自体もきわめて高温となり、勢いづいた流れとなります。

3つのタイプはすべてたいへん危険であり、いつ発生するかはほぼ予測できません。火砕流という現象は、人間的な感覚からかけ離れているのです。ちなみに富士山では、タイプ3の火砕流が過去に確認されたことがありますが、タイプ1と2は今まで起きていません。

火山爆発指数と規模

火砕流を発生させるのは、どのような規模の噴火なのでしょうか。

火山の噴火には「火山爆発指数」(VEI、Volcanic Explosivity Index) と呼ばれる、爆発の強さを示す指標があります。1回の爆発でどれほどの量のマグマが放出されたかを表しています。地震のマグニチュードと同様に、数の何乗かを示す指数として0から8までの数値で表されています。

この指数にしたがって、規模の異なる噴火現象が起きます(図4－11)。

爆発の規模と同じように、火砕流に関しても、大規模な火砕流と小規模な火砕流とがあります。大規模なものは体積が膨大で、数百㎞も遠くまで達します。このような火砕流が地表に噴き出ると、地下のマグマだまりは空っぽに近くなり、噴出口には直径10㎞を超えるような巨大な陥没地形(カルデラ)ができます。

カルデラは、体積が約10立方㎞以上のマグマが噴出した場合に形成されます。カルデラが残されるような大規模な火砕流を伴う噴火は、「巨大噴火」と呼ばれます。

VEI		1回の噴出量	噴煙高度	成層圏の影響	噴火例
0	非爆発的噴火		0.1km未満	なし	
		10万㎥			
1	小噴火		0.1-1km	なし	
		100万㎥			
2	中噴火		1-5km	なし	
		1000万㎥			
3	中・大噴火		3-15km	可能性あり	
		1億㎥			
4	大噴火		10-25km	明瞭	
		10億㎥ =1k㎥			
5	巨大噴火		25km超	深刻	セントヘレンズ 1980年
	↑	10k㎥		↓	
6	↑			↓	ピナトゥボ 1991年
		100k㎥		↓	
7	カルデラ形成			↓	タンボラ 1815年
	↓	1000k㎥		↓	
8	↓			↓	

図4-11　火山爆発指数（VEI）とさまざまな噴火パラメータ

地球規模の災害をもたらす可能性のある噴火ですが、日本列島にはカルデラが至るところに存在します。一番わかりやすいのは阿蘇山です。またそれに関連するものとして箱根の芦《あし》ノ湖《こ》や十和田湖はカルデラ湖です。

地質学的な長い時間軸で眺めると、大規模火砕流は火山地域に普通に確認される現象なのです。さらに、大規模火砕流が起こるのは稀《まれ》ですが、小規模火砕流は、世界的には毎年のように起こっています。２０２１年10月の阿蘇山の噴火でも小規模な火砕流が観測されました。

火砕サージの特徴

マグマが発泡した軽石や火山灰を含んだ高温・高速の流れは、火砕流だけではありません。「火砕サージ」と呼ばれるものも、同様の性質を持っています。

火砕サージとは、いってみれば高温の砂嵐のような現象ですが、その破壊力は流域にある建造物をなぎ倒し焼き尽くすほどです。火山の斜面に沿って火砕サージが流れるときは、噴出口から5㎞を超える地点まで下って行くとされます。

火砕サージの堆積物は、火砕流と比較すると薄いという特徴があります。火砕サージが通過したあとの地面を覆う堆積物の厚さは、一般に数㎝ほどです。薄くなるのは、流れ出す物質量が火砕流よりも少ないからだと考えられていて、「火砕流よりも流れる最中の密度が小さい」のが火砕サージだと思っていいでしょう。富士山の「火砕流の可能性マップ」では、火砕流と火砕サージを一緒に扱い、火砕サージを火砕流のうち流れの物理的特徴が異なるもの、と規定しています。

富士山からも火砕流と火砕サージが

これまでに富士山も火砕流と火砕サージを何回も発生させています。

実は長年、研究者たちは、富士山のように主に玄武岩の溶岩を噴き出す火山は火砕流を噴出しない、と考えていました。火砕流は、流紋岩から安山岩までの化学組成を持つ粘り気の大きいマグマの噴火でよく観測されていたからです。

ところが近年、富士山麓で詳細な地質調査が実施された結果、富士山の斜面に複数の火砕流堆積物が発見されました。1万年という時間の尺度で見た場合、富士山は過去5600年のあいだに10回以上も火砕流を噴出させていたのです。つまり、玄武岩質の巨大成層火山は、火砕流をしばしば噴出させながら成長していたことになります。

特に約1700～1500年前の火砕流堆積物が見つかったのは、富士山北斜面の滝沢《たきざわ》です。この火砕流を「滝沢火砕流」といいます。厚さ5m超の堆積物には、黒く焼け焦げた木片が含まれていました。

また堆積物の上部では、高温だったことを示す赤色の酸化現象が確認されました。これらは、山頂付近から沢に沿い標高約1200m付近まで火砕流が下ってできた堆積物です。富士山から噴き出た火砕流としては最大規模です。

また富士山の山頂に近い西斜面と南西斜面（大沢《おおさわ》）でも、火砕流堆積物が見つかっています。こうした堆積物の特徴から、火砕流の噴出源はかなり高所にあったことがわかります。考えられるのは、標高約3000m付近の急斜面で割れ目噴火が起こり、噴出物が堆積したものの、それらは斜面にとどまることが不可能で、谷沿いを高速で流れ下った、ということです。

富士山の噴火防災において、火砕流と火砕サージへの準備も必要であることが、こうした事実からも理解できるでしょう。

火砕流・火砕サージの被害予測

富士山の可能性マップで、火砕流の発生地域は、前出の「想定火口範囲」のなかでも、降り積もった粒子が自然に落ち着いて定着する「安息角《あんそくかく》」を超える急斜面に設定されています。富士山麓に形成された火砕丘の最大傾斜から算出されたここでの安息角は、30度です。加えて、火砕サージの到達範囲も予測されています。

そして火砕流本体と、そこから分離する火砕サージが流れ下る範囲を35地点から計算した結果まとめられたのが、可能性マップです。

富士山では、火砕流は山腹でも山頂でも発生可能性があります。高所で噴出した火砕流は、一気に斜面を駆け下りるために、危険性が高まります。したがって山頂付近や五合目以上の場所で発生したときには、いっそうの注意が必要です。

過去に富士山で確認された火砕流は、谷沿いのみでしたが、これは一定量以上の堆積物が斜面上の浸食に抗《あらが》って残されたものです。こういう場所以外でも、少量の火砕流や火砕サージが発生していた可能性は大きいのです。

その意味では、火砕流と火砕サージが必ずしも谷に沿ってだけ流れるのではないことを十分意識する必要があります。

火砕流と火砕サージは、噴火開始からやや時間が経過した後に発生すると考えられます。具体的な経過時間の予測は難しいのですが、とはいえ高速の火砕流が流れ下る場合は、事前に遠くまで逃げておくしか安全を確保する手立てはありません。

可能性マップで示される火砕流の到達範囲には、人口密集地は含まれていません。しかし、夏山シーズン等で山小屋に宿泊する登山客にとっては、火砕流の危険が及ぶ恐れが大いにあります。大型連休や紅葉のシーズンに、自動車や観光バスで五合目まで行く観光客にとっても、同様のことが言えるため、十分な準備と知識が必要です。

火砕流が湖に流入したときは、二次的な水蒸気爆発を起こすリスクがあります。ただ、可能性マップでは、これまでの発生状況を根拠に、富士五湖等の湖水地域まで火砕流が到達することは想定していません。

火砕流や火砕サージの堆積物は、溶岩流のように厚くないので、冷えた後の処理や除去、復旧は、溶岩流ほど難しくないと予想されています。

ただし富士山は、冬には雪で覆われ、4月には最大の積雪量を記録します。この時季に、高所で火砕流が発生してしまうと、融雪型の泥流（次節参照）が起こる可能性が高くなります。

つまり、高温のマグマが雪を融《と》かして体積を増加させた後で、一気に流れ下るのです。北海道の十勝岳《とかちだけ》でも1926（大正15）年5月にこのタイプの融雪泥流が発生し、山麓の集落に大きな被害を及ぼしたことがありました。5月とはいえ、山の残雪がこの被害をもたらしたのでした。

（5）泥流

大量の水で火山灰や岩石を押し流す

泥流とは、水とともに土砂が斜面を流れ下る現象です。水と混合するとき、岩石や火山灰は非常に流動的になります。大量の水によって、これらが一気に押し流されると、流域にある巨岩や建造物をも巻き込み、激しい波音をたてながら突き進みます（図4－12）。

このような泥流の破壊力と速度は、人間の想像をはるかに超えるものです。火山の裾野には川が流れていますし、山頂には雪があることが多いですが、それ以外でも水のあるところなら泥流は発生します。

たとえば積雪の時季に噴火が起これば、急激に融かされた山頂の雪により泥流が発生することもあります。万年雪や氷河のあるところでは、噴火があれば季節にかかわらず泥流が発生します。

また火口湖となっている噴火口はたくさんあるので、こうした湖の水も、噴火により火山灰や土壌を取り込んで泥流となります。台風の大雨や集中豪雨も、もちろん泥流を生みます。

泥流よりも「土石流」という言葉のほうが耳に馴染んでいる、という人がいるかもしれません。両者は基本的に同じ現象を指すと考えて差し支えありません。

図4-12　ピナトゥボ火山で発生した泥流。川を埋めて全面を覆っている（著者撮影）

泥流被害の凄まじさ

大規模な泥流が起こったことで知られる例の1つは、1985年のコロンビア、ネバド・デル・ルイス火山（海抜5399m）における噴火です。アンデス山脈に位置し、北緯5度の熱帯に属しますが、山頂は常に氷河と雪に覆われています。

最初に小規模噴火が火口から始まって高温の火砕流が噴き出し、山頂付近の氷原に堆積しました。氷は、噴出物の熱によって一気に融け、大量の水となりました。この水が、降り積もった火山灰や軽石と混ざり、泥流が発生したのです。

河川に沿って流れ下った泥流は、流域にある岩や大木、表土を巻き込んで体積を膨張させます。それらが時速約60㎞のスピードで、火山の急斜面にできた峡谷を轟音《ごうおん》とともに流れました。

最終的に、40㎢の地域に、厚さ1mの泥や砂からなる堆積物が残されました。また直径10mもある巨礫が、市街地があった場所に置き去りにされました。

当時、13歳の少女（オマイラ・サンチェスさん）が泥流に下半身が埋まってしまいました。救出活動が難航する中、彼女は人々に笑顔を見せていましたが、ついに救出叶《かな》わず、亡くなりました。この悲劇に世界中が涙し、災害の恐ろしさを目の当たりにしたのでした。

また1980年、セントヘレンズ火山の噴火でも大規模な泥流が発生しています。まず、山の斜面が崩壊して「岩なだれ」が起き、泥流はその後に発生しました。岩なだれ（岩屑《がんせつ》なだれとも言います）とは、山崩れを起こしたときに、崩れた部分の莫大《ばくだい》な量の岩石が一体となって高速で流れ下る現象です。

セントヘレンズ火山の泥流は、火山灰と岩の細かい粒子が混ざった、セメント状のもので、岩なだれに含まれた大量の岩石等の固形物も一緒に流されました。

氷河のある火山で泥流が起きると

ネバド・デル・ルイス火山の例がそうですが、氷河など、厚い氷を山頂にいただく（この氷河を「氷帽《ひょうぼう》」と呼びます）火山で噴火が起きたときには、莫大な量の泥流を発生させる危険があります。

噴火によって一部が融解した氷河は水となり、氷の下に湖をつくります。湖の水位が高まると残りの氷河も融けかけますが、氷河の周囲には、平常時に氷河から流れる川があります。融けかけてあふれた水が、この川を通って流れ出すのです。アイスランドでは、このような氷河性の洪水を「ヨークルフロイプ」(jökulhlaups) と呼びますが、しばしば起こり被害を出しています。

96年9月に、アイスランド中部にあるグリムスボトン火山が噴火し、その後にヨークルフロイプが発生しました。２００m超の厚さを持つ氷河の底で、割れ目噴火が起きたのです。その結果、氷が融けてできた水とマグマが混ざって、マグマ水蒸気爆発が発生しました。さらに同年11月には、氷河の一端で大量の水があふれ始め、大洪水を起こしました。

総計3立方㎞にもなる融解した水は、下流の平野を襲い、橋や道路を破壊しました。洪水が引いた後には、砂や岩とともに巨大な氷の塊が残されました。

幸いアイスランド当局が、洪水発生の約10時間前に前兆を示す地震を検知し、道路閉鎖などの対策を講じたことで、死者を出すことはありませんでした。

富士山における泥流発生パターン

1707年の富士山の宝永噴火でも、泥流は発生しました。泥流による土砂災害が噴火の二次災害となって、流域で暮らす人々を長期にわたり苦しめました。相模湾に面する小田原《おだわら》藩領地には、おびただしい量の泥流が流れ込んだことで、50年以上も断続的な被害が生じました。

流出した火山灰によって、用水路や河川が氾濫するなど、農林業を中心とした産業、経済活動が打撃を受けたのです。小田原藩はこのために、領地運営を放棄し、一部を幕府に返上したほどです。なお、宝永噴火による被害と復旧の詳細は、2006年に『1707富士山宝永噴火報告書』（中央防災会議「災害教訓の継承に関する専門調査会」編）として公表されています。

また、2900年前の噴火による「御殿場岩なだれ」の後には、大規模な泥流が発生しています。堆積物は3立方kmにも及び、岩なだれだけで御殿場市を埋め尽くしたはずですが、泥流被害はその後もさらに100年以上にわたって続いたと考えられています。

富士山における泥流発生には、現在、次の2つのパターンが想定されています。

1　積雪期に積もった雪を融かすことで発生する泥流で、「融雪型泥流」と呼ばれる。小規模噴火でも大量の土砂を押し流すため、警戒が必要とされる泥流

2　噴火によって積もった火山灰などの多量の堆積物が、台風などに伴う大雨によって一気に流されて起こるもの。宝永噴火後に見られたように、噴火が終わっても長期間にわたって断続的に発生すると考えられる泥流

それぞれの災害予測

右に挙げたパターン1の融雪型泥流が起こった場合は、どのような被害が予測されるでしょうか。これまで富士山で融雪型泥流が発生した記録はありませんが、先述したネバド・デル・ルイス火山のように、氷河や万年雪をいただく他の活火山では、深刻な泥流災害をしばしば起こしてきました。

富士山における融雪型泥流をシミュレートした結果、泥流は下流へ向け川筋を何十kmも流

れ下ります。北では河口湖《かわぐちこ》、北東では富士吉田市、東では御殿場市、南では富士《ふじ》市、南西では富士宮市にそれぞれ到達し、しかも市街地まで比較的短時間で及ぶ恐れがあります。さらに南方へ下れば、東名高速道路を寸断する可能性もあります。

「融雪型泥流の可能性マップ」もつくられています。融雪型泥流は、主に冬の積雪期に火砕流が山頂火口から噴出した場合に発生すると考えられます。火砕流噴出から泥流発生までには、多少の時間差があると予想されますが、火砕流自体がかなり高速で流れ下るため、時間差が具体的にどの程度になるのかは不明といわざるを得ません。

ちなみに、富士山麓で積雪量が多くなるのは3～5月なので、この時季の噴火には最大限の警戒が必要です。

パターン2の、降灰などの堆積物が流されることで発生する泥流の場合はどうでしょうか。富士山から東の地域に偏西風にのって大量の火山灰が降れば泥流が発生することが、シミュレーションによって明確に示されました。

とくに10㎜以上の雨が降った直後に起きやすいこともわかっています。したがって、降灰中に雨による泥流が起こる可能性もあります。

さらに、パターン2の泥流の到達範囲は、神奈川県横浜市や藤沢《ふじさわ》市にも及ぶことがわかっています。

　これらについても「可能性マップ」がつくられていますが、泥流の経路ごとに細かく分かれていて、かえって情報量が多すぎるという難点があります。そのため、個々の地域ごとに作成された一般配布用マップを見ていただくことをお勧めします。

泥流は、パターン1でも2でも速度が速く、時速数十㎞にもなります。発生後に逃げたのでは間に合いません。したがって、泥流発生の可能性が生じた時点で避難を始めなければいけません。発生源から10㎞以上離れた市街地でも、泥流は1時間以内に到達する、との見方もあります。

　泥流の水深は多様ですが、深い場合は人や自動車が流されてしまいます。たとえば流速が毎秒1m（時速3・6㎞）以上で、水深が20㎝を超すときには、水死すると考えるべきです。

　泥流自体は、最初は谷沿いを流れますが、水かさが増せば谷から溢《あふ》れます。その意味では、谷から離れれば安全だ、ということにはなりません。富士山には八百八沢あるといわれますが、谷地形は不規則で氾濫しやすいのです。

　さらに注意しなければいけないのは、泥流災害は、大雨などによる洪水とはかなり異なる、ということです。火山灰に加えて岩石が大量に含まれるため、破壊力がより大きい、というのが最大の違いです。また、泥流は噴火後時間が経った平常時でも発生することを、覚えておいてください。

地上に堆積している軟らかい火山灰を豪雨が押し流したり、火山灰の積もった急峻《きゅうしゅん》な崖が地震で揺さぶられたりしたら、地滑りとともに泥流が起こるのです。

第五章

地球温暖化は自明でない

講義の「つかみ」はファッションから。とにかく学生に来てもらえるよう、服装にも趣向を凝らした

＊＊＊

2021年3月の最終講義では、時間の関係で、地球温暖化の問題については語ることができませんでした。

予定していたテーマが話せないことも、ライブ感覚を重視する私の講義の特性といえるかもしれません。

いつも目の前にいる学生が「活きた時間」と感じるように、心血を注いで語りかけることを大切にしてきました。というのは、既に決まっている内容を話すのでは「一期一会」は生まれないからです。

ここで改めて地球温暖化について考えてみたいと思います。

「異常気象」の「異常」は人間にとっての異常

近年、大きな気象災害が頻繁に起きていると実感されている人は多いでしょう。たとえば大型台風や長雨です。これらは地面が揺れる地震によって起こる災害ではなく、大気が引き起こす災害です。

海外でも、ある国では洪水被害が起きる一方、別の国では干ばつで農作物が育たなかったりする被害が起きていることが報じられています。冷夏、暖冬による影響も、複数の地域で見られます。ウェブやテレビ、新聞などでは「異常気象」や「気候変動」という言葉が使われています。

この異常気象とは、「過去に経験した現象から大きく外れた現象」（気象庁ホームページ）をいいます。この「経験から外れた現象」、すなわち異常気象は日本だけでなく地球規模で確認できている現象です。

これまで経験したことがない、という意味で「異常」、あるいは「変動」という言葉が使われているのでしょう。ところが私たち地球科学者は（少なくとも私は）、こういう言葉遣いに違和感を覚えます。

自然界では元来、ありとあらゆることが変動することによって均衡を保っていることを知っているからです。自然界、ひいては地球の歴史においては、「不可逆性」（二度と同じことを繰り返さないこと）という摂理が保たれて来たのです。

私が火山を手掛かり、足掛かりとして地球科学を研究してすでに四半世紀が過ぎますが、この経験をもとにいえば、メディアなどで報じられている異常気象は、必ずしも異常ではありません。

というのも、その異常はあくまで人間が持つスケールが生む感覚であって、地球のスケールからすれば「正常」だからです。地球科学の「目」からすると、人間に都合が悪いから異常と見なし、勝手にそうしたレッテル貼りをしているように映るのです。

地球のどこかで高温による干ばつが起これば、他の地域では洪水が起きるという現象は、地球がバランスを取ろうとしていることを示しています。異常高温となる地域があれば、別の地域で異常低温が生じることも同様です。

たとえば雨についても、地球全体としての降水量はほぼ一定で、46億年の間に地球が保っている水の総量はほとんど変わっていないことがわかっています。地球の立場に立てば、いっとき大雨が降る地方が現れたり、干ばつになる地方が現れたりすることは異常ではなく、変化に過ぎません。

地球レベルでいえば、何億年という時間が過ぎるあいだには、人間社会をはるかに超えるスケールの変動が無数に起きてきたからです。

ある災害が、個々の地域に被害を及ぼすことがあっても、それが地球全体への害悪になると簡単にはいえない、ということです。よく「地球に優しい」といったフレーズを目にすることがありますが、その「優しい」もあくまで人間にとっての優しさでしょう。地球はもっともっと巨大なのです。異常と感じる現象も、地球にとっては小さいと評価されるのです。

しかし一方で、そうした小さな現象が、そこで営々と生活を築き上げて来た人々に多大な影響を与え、人命に関わる事態を生じさせていることも事実です。

地球温暖化の根拠

こうした異常気象に関する話題が、メディアに登場しない日はありません。セットのように目にするのが「地球温暖化」という言葉です。たとえば「地球温暖化が人類を滅ぼす」「地球温暖化で今後気温は6℃上昇し、海水面も上がる」といった見出しが、新聞やウェブに躍っています。

ＣＯＰ21（気候変動枠組条約第21回締約国会議）で締結された「パリ協定」をめぐり、先進国のパワーバランスが争いごとを生んでいるのも事実です。パリ協定とは、「世界の平均気温上昇を産業革命以前に比べて2℃より十分低く保ち、1・5℃に抑える努力をする」目的のために、国際的な取り組みをすることが合意された協定のことです。地球温暖化問題は、地球科学だけでなく、政治や経済にとっても切り離せない重要な課題でもあるでしょう。

実際に地球の平均気温を調べると、過去４００年の間に高くなってきたことがわかっています。20世紀に入ってからは、気象技術の発展によって、より詳細なデータが得られるようになりました。

その20世紀以降のデータに限ってみると、たとえば日本では１８９８年以降、１００年あ

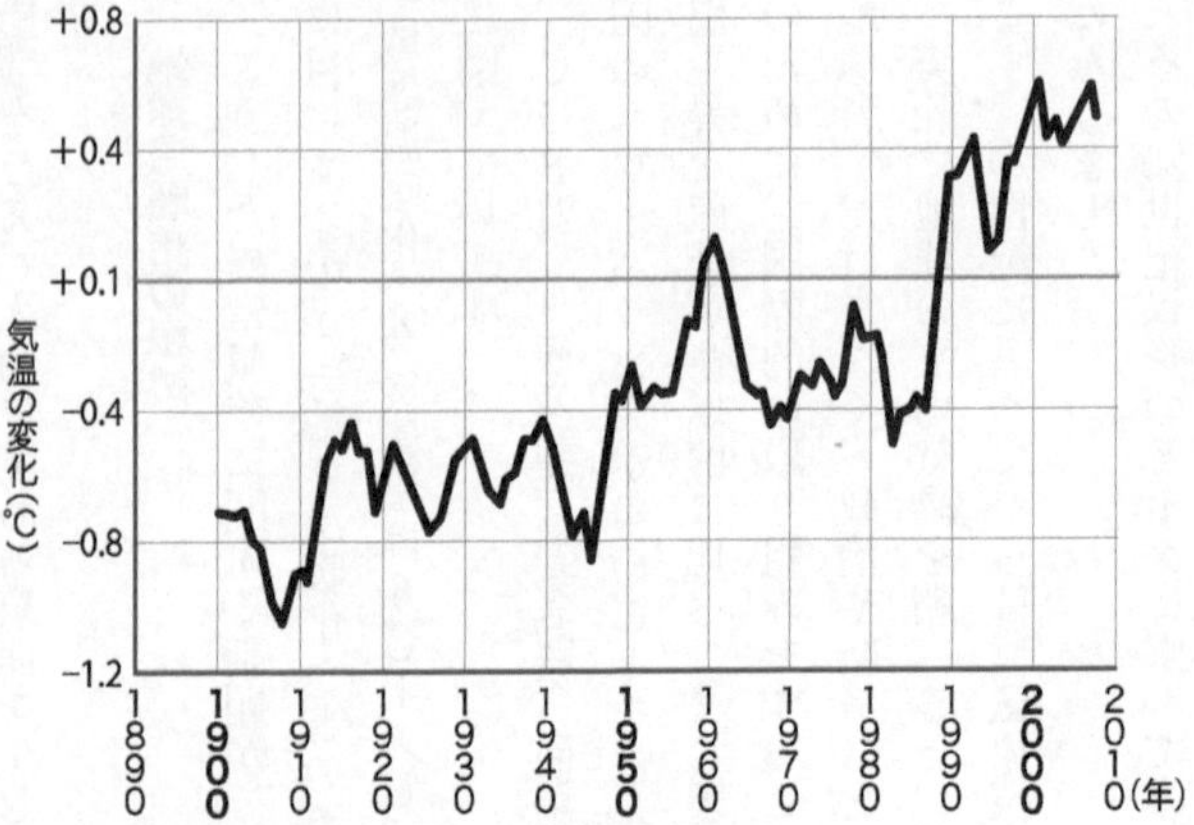

図5-1　20世紀以降の日本の平均気温の変化

たり約1・1℃の割合で平均気温が上昇しています（図5－1）。全国でソメイヨシノの開花日がここ20年ほどで早くなり、さくら前線が早くやってくるようになったことなどは実感しやすいでしょう。

もう1つ、温暖化を示す根拠となるデータがあります。世界平均の海水面の変化です。それによると、1901～2010年のあいだに、海水面は19㎝上昇しています。水は温度が上がると膨張し、体積が増えるという性質を持っています。

そのため、地球温暖化によって海水の温度が上がることで海水の体積が増え、水位も上がったと考えられます。また、北極や南極付近にある大量の氷も、温暖化により海水温が上昇すれば融けるので、そのぶん海水の体積が増えて水位が上がります。

この状態のまま温暖化が進行すれば、２１００年ごろの地球全体の平均気温が現在より約２・６〜４・８℃上昇し、海水面の平均は約45〜82㎝上昇すると予測されているのです。

さらに、温暖化問題で必ず話題になる二酸化炭素の濃度は、過去１０００年間で２８０ppmから４００ppmにまで上昇しています。これは急上昇といってもいい数値です。原因はすでにお気づきの通り、石油、石炭などの化石燃料を大量に使い続けたことです。これらを燃やせば、膨大な二酸化炭素が発生するからです。

地球上の温度が保たれる理由

先に、地球はバランスをとっていると述べましたが、地球の大気の温度は太陽から届くエネルギーによって決まります。地球は太陽から得るエネルギーのバランスもとっています。

つまり、太陽から入ってくるエネルギーと出て行くエネルギーがあって、それらを一定にすることで、地球の温度はほぼ一定に保たれているというわけです。太陽から地球に入ってくるエネルギーについてはイメージしやすいと思います。では、地球から出て行くエネルギーとは、具体的にどういうものを指しているのでしょうか。

太陽から地球に届いたエネルギーは、大気圏に入った後、その３割は雲などに反射されて宇宙に消えてしまいます。雨の日に飛行機に乗る場合、空港で空を見上げれば灰色の雲が見えます。しかし、飛行機に乗って雲上に出たとき、雲は眩《まぶ》しいほどに輝いています。これは地球に届いた太陽のエネルギーを反射しているためです。つまり逃げるエネルギー3割はここで跳ね返されています。

さらに、太陽光エネルギーの2割は大気や地表に近い雲に吸収されてしまいます。結果として、太陽から地球に向かったエネルギーのうち、地上には5割ほどしか到達しません。

地上に達したエネルギーも、今度は海や陸地で反射されることにより、最終的にはほぼ同じ量のエネルギーが宇宙空間に戻っていってしまいます。宇宙衛星、スペースシャトルや、最近では国際宇宙ステーションからの映像で見る海や陸地や雲は、眩しいほどに輝いています。

それはすなわち、そこで太陽光エネルギーが反射され、地上には到達していない、ということを表しています。

このように、基本的に太陽から入るエネルギーと出るエネルギーが等しいため、地球上の温度は一定に保たれています。

二酸化炭素が増えるとなぜ地球温暖化が起きるのか

　産業革命以降、二酸化炭素の濃度が急上昇している、と述べました。ではなぜ、二酸化炭素が増えると地球温暖化が起きるのでしょうか。二酸化炭素の何が問題なのかについて説明しましょう。

　二酸化炭素には、電磁波の1つである赤外線を吸収するという性質があります。太陽エネルギーは赤外線を含みますから、二酸化炭素に吸収されます。

　具体的な例でいえば、夏の日に自動車を屋外に停めておくと、車内が高温になります。これは、窓ガラスを通過して入った太陽エネルギーの一部が車内に閉じ込められ、窓の外に出ていかないため、容易に高温になるという仕組みです。

　同様に野菜や植物の温室栽培やビニールハウス栽培も、こういった効果を利用したものです。二酸化炭素以外にも空気中にある水蒸気、メタン、フロンなどが同じ働きをしますが、それらを含めて「温室効果ガス」と呼ばれています。

　これらの温室効果ガスが大気中に多く含まれると、宇宙に放出されるはずのエネルギーがそのまま大気中に蓄積して、地上の温度を上げていきます。そのため、大気中の二酸化炭素の量が増えれば、それだけ地上の気温が上がるというわけです。

　以前、缶のスプレー剤にフロンガスが含まれていることが社会問題になったことがありました。これも、オゾン層を破壊するフロンガスを減らすために登場した「代替フロン」が、今度は温室効果ガスとして問題視されるようになったのです。つまり、結果として温室効果ガスが大気中に撒《ま》かれるということで、新たな環境問題を生み出してしまいました。

温暖化が進むとどうなるか

太陽エネルギーの収支バランスに狂いが生じ、地上にエネルギーが溜まり、気温が上がり続ける、すなわち地球温暖化が進むと、さまざまな現象が生じます。

たとえば世界気象機関の会議での報告によると、台風の卵ともいわれる熱帯低気圧の発生数が最大で3割ほど減るといいます。熱帯低気圧は、海面と上空の温度差によって発生します。

海水が温められると上昇気流が発生し、それが熱帯低気圧となります。上昇気流が生まれるためには大気との温度差が必要ですが、温暖化によってそもそも大気が暖かくなるために温度差が小さくなり、上昇気流の発生も弱くなる、という理屈です。

しかし一方で、太平洋、大西洋などの大洋ごとの発生確率を見ると、熱帯低気圧が減る地域と増える地域に分かれるというシミュレーション結果が出ています。太平洋の北西部では、3割以上減るのに対し、大西洋の北部では6割増えるというのです。とはいえ、こうした予測はまだ研究段階にあるようです。

一方、温暖化によって海面温度が上昇することで水蒸気が多く発生し、その結果、積乱雲ができる頻度が増えます。さらに、熱帯低気圧が巨大化する可能性も高まります。

熱帯低気圧から発達して台風になりますが、海面温度が2℃高くなると、台風のエネルギーは最大2割増しになり、降雨量も3割増える、という予測もあります。これらは最速のスーパーコンピュータによる膨大な計算結果が導いた研究成果です。

現に、最近の台風は大型化しているようです。たとえば２０１９年10月に発生した台風19号や20年9月の台風10号は非常に大型で、大規模な河川氾濫をもたらしたことは皆さんの記憶にも新しいでしょう。記録的な豪雨やいわゆる「ゲリラ豪雨」も各地で発生し、土砂崩れ等を引き起こし、多くの犠牲者が出ています。

世界に目を向ければ、きわめて高温の空気が広い範囲を覆う「熱波」や、きわめて低温の空気が流れ込む「寒波」の襲来がたびたび起こっています。さらにハリケーンが大型化したり、極端な少雨によって干ばつが起きたりして、農作物等の収穫に深刻な影響を及ぼしています。

地球は氷期に向かっている

二酸化炭素の増加がクローズアップされ、温暖化の問題点が日々強調されていますが、寒

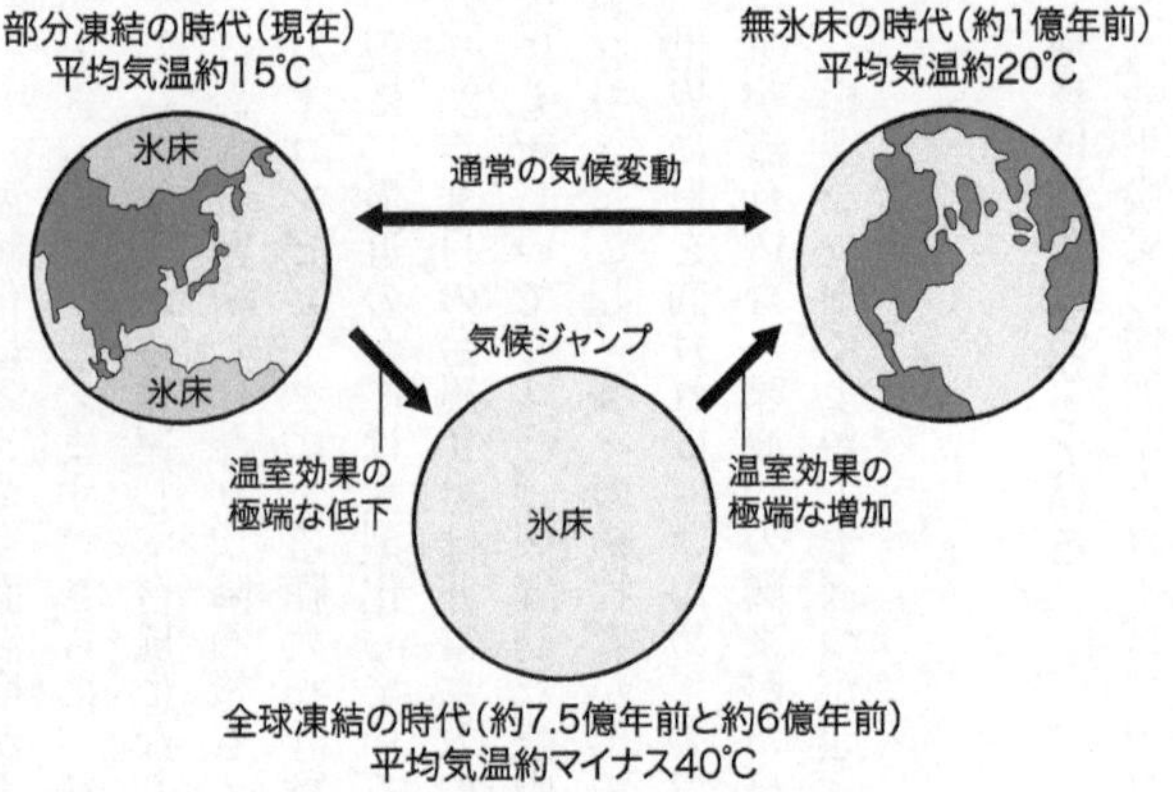

図5-2　地球が経てきた3つの気候状態と全球凍結

冷化について考えたことはあるでしょうか。

「スノーボールアース（雪玉地球）」という言葉を聞いたことのある人がいるかもしれません。これは、地球の海洋すべてが凍結し、地球全体が凍ってしまうという「全球凍結」の状態を指す言葉です（図5-2）。

もし、地球の大気に二酸化炭素のような温室効果ガスがまったく含まれていなければどうなったかを検証すると、地表の平均温度はマイナス10℃以下であっただろう、という結果が出ています。

46億年に及ぶ地球史のなかで、全球凍結が起きた時期が数回ありました。地球がどうやって全球凍結状態を脱したかというと、それは二酸化炭素濃度が上昇したためであることがわかっています。

温室効果ガスとして、二酸化炭素を目の敵のようにしていますが、一方で二酸化炭素は地球の環境を一定に保つための重要な要素だったのです。地球が平衡状態を維持するためのバランス調整役として存在しました。

何十万年という地球科学的な時間軸でみれば、実は現在の地球は氷期に向かっています。たとえば13万年前と1万年前には、地球の気温が比較的高い時期がありました。

さらに下って日本の平安時代は、現在よりも温暖な時期でした。ただ14世紀からはずっと、寒冷化が続いています。つまり、大きな視点からすれば、地球は寒冷化に向かっており、寒冷化の途上で短期的な地球温暖化状況にある、というのが地球の現状です。

寒冷化するとどんなことが起こるでしょうか。何より問題となるのは、農作物への影響です。夏になっても気温が上がらなければ作物は育たず、私たち生き物は日々の生きる糧を得られなくなってしまいます。冬は豪雪に見舞われ、これまで以上の命の危険が迫ります。温暖化よりもむしろ寒冷化が怖いと考える専門家もいます。

温暖化は自明ではない

地球温暖化についての議論の中で、とくに産業革命以降に大量に放出された二酸化炭素（石炭、石油の使用など、人間の活動によって生じた二酸化炭素）が現在の温暖化を生んだのだ、という考え方があります。もちろんその可能性はあります。

ところが、二酸化炭素が温暖化を引き起こす寄与率については、研究者によってなんと9割から1割まで、大きく意見が分かれているのです。

2010年には、IPCC（気候変動に関する政府間パネル）が提出したデータの確実性をめぐって、何人かの研究者が疑義を呈しています。また、今後十数年間は寒冷化に向かうのだ、と主張する地球科学者は少なからずいます。

私自身は、将来にわたって、今の勢いで地球温暖化が進むかどうかは必ずしも自明でない、と考えています。たとえば、大規模な火山活動が始まると、地球の平均気温を数℃下げる現象がたびたび起きてきました。こうした現象からも、温暖化の進行が当然の成り行きではないことは、理解していただけるのではないでしょうか。

人口の増大、都市化、経済活動は確かに地球環境と気候変動に影響を与えてきましたが、実は地球科学の「長尺《ちょうじゃく》の目」で見ると、いずれ地球という大自然が吸収してくれる程度のものなのです。人間による環境破壊には由々《ゆゆ》しきもの、目に余るものが多々ありますが、地球全体の営力から見ると小さいということも知っておいていただきたいと思います。よって結果としては温暖化と寒冷化、双方の対策をすべきということに結論付けられるのです。

もともと自然界には様々な周期の変動現象があります。たとえば、一般的に人類が文明を持たなかった時代の氷河期などのこうした現象は、近現代の人類の生産活動が起こした短期的現象から区別して評価しなければなりません。

また、人間が大量の二酸化炭素を排出しても、地球にはもっと大きなフィードバック機能が備わっています。そもそも二酸化炭素量が増大しても、それらの多くは海に溶けるでしょう。逆に大気中の二酸化炭素が減少すると、海に溶けたものが出てきて補うという、バッファシステム（緩衝装置）もあるからです。

このような現象についての精査を踏まえないと、大気中の二酸化炭素が単純に増え続けるかどうかも決められません。たとえば大気中の二酸化炭素が減ることで、植物の光合成活動が弱まり、結果的に人間の食糧が減少する可能性すらあります。現在、地球上の食糧が確保できているのは、二酸化炭素量がこれだけあるからだ、ともいえるのです。

人口増大が原因ではなく、二酸化炭素減少や寒冷化による食糧危機が生まれるかもしれません。人間のスケールのみで地球を判断すると大きく誤ってしまいます。

地球温暖化は先ほど述べたような「長尺の目」で捉えることが重要です。そうしないと、目先の国内外の政治状況、経済状況に振り回される事態から脱却できなくなります。

日本は二酸化炭素の排出量を26～46％削減することや、ＳＤＧｓ（Sustainable Development Goals）などについて軽々しく約束したりしています。将来、長期にわたって温暖化するという結論を科学の世界がきちんと出していないにもかかわらず、政界・経済界のみの都合で決定していくのはとても危険だと私は考えています。

人間にとって「たいへん困ったこと」があっても、地球にとってはすべてを吸収してしまうような巨大なメカニズムが存在しています。ここで地球も「困っている」と考えるのは、もしかすると人間の自信過剰かもしれないのです。地球の問題は、もっと長い尺度で眺めていかないといけません。

異常気象と偏西風

ここで異常気象についてわかっているシステムを紹介しましょう。

異常気象は、高気圧と低気圧の配置のバランスが崩れたときに生じます。そのバランスにかかわっているのが、上空を流れている「ジェットストリーム」です。

ジェットストリームには、地球の緯度によって別名が付けられています。日本列島が位置する中緯度に吹くジェットストリームは「偏西風」と呼ばれます。名前の通りに、西から東へと吹く強風です(図5-3)。

赤道付近に吹くジェットストリームは「貿易風」と呼ばれ、東から西へ向かう強風です。この風を利用して貿易帆船が航行したことから、この名があります。

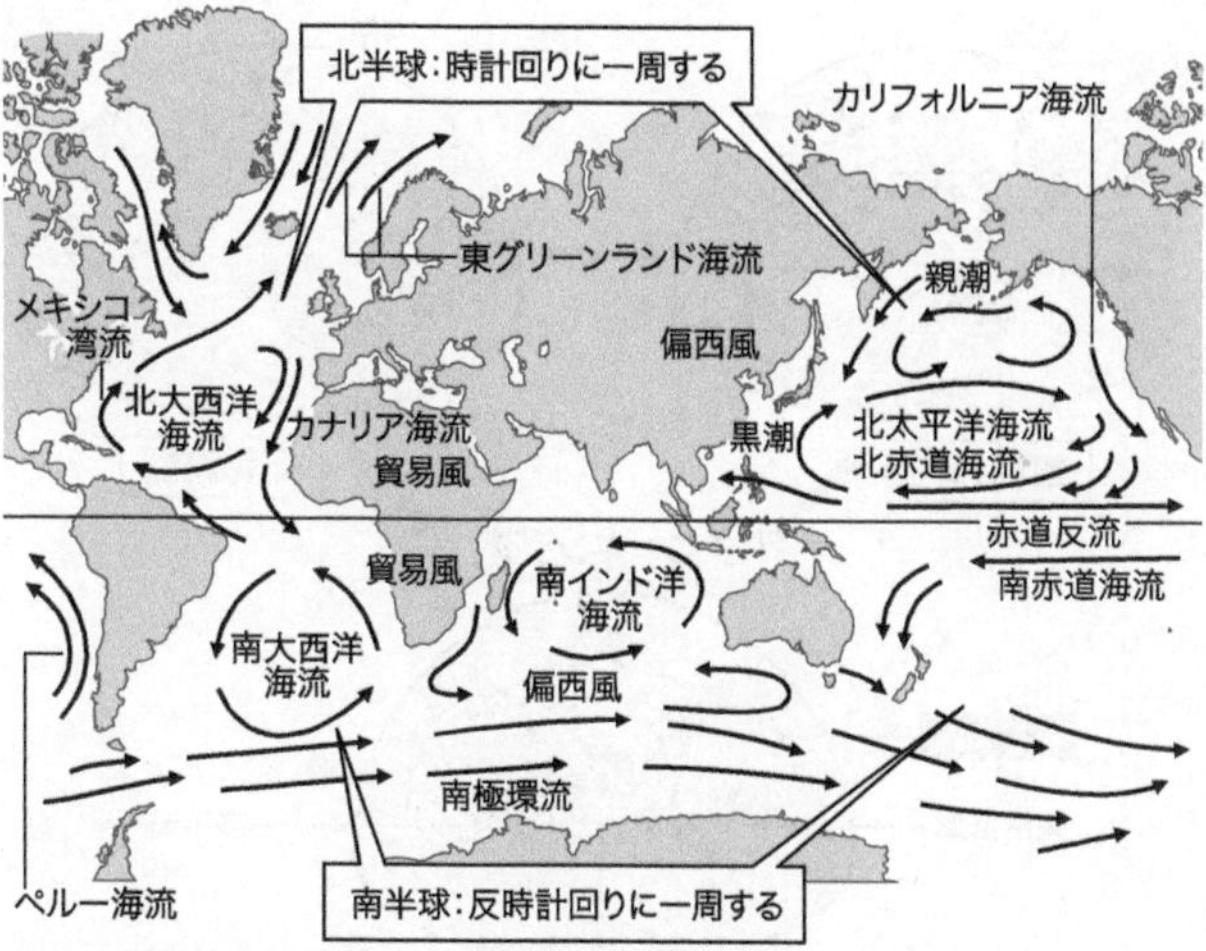

図5-3　偏西風と貿易風と地球を取り巻く海流

偏西風は、地球の北半球と南半球の上空11㎞あたりを流れています。さらに偏西風には、「東西流型」「南北流型」「ブロッキング型」という3つの型があります（図5-4）。

偏西風は通常、「東西流型」と「南北流型」を交互に繰り返しています。周期はおよそ4～6週間で、そのあいだに地上では気温が高くなったり低くなったりします。

一方でこのどちらかの型が6週間以上長く続くと、異常気象が起こります。たとえば東西流型が長びくと、南北の温度差が大きくなり、それに伴い風の流れの北側では異常低温が、南側では異常高温が発生しやすくなります。

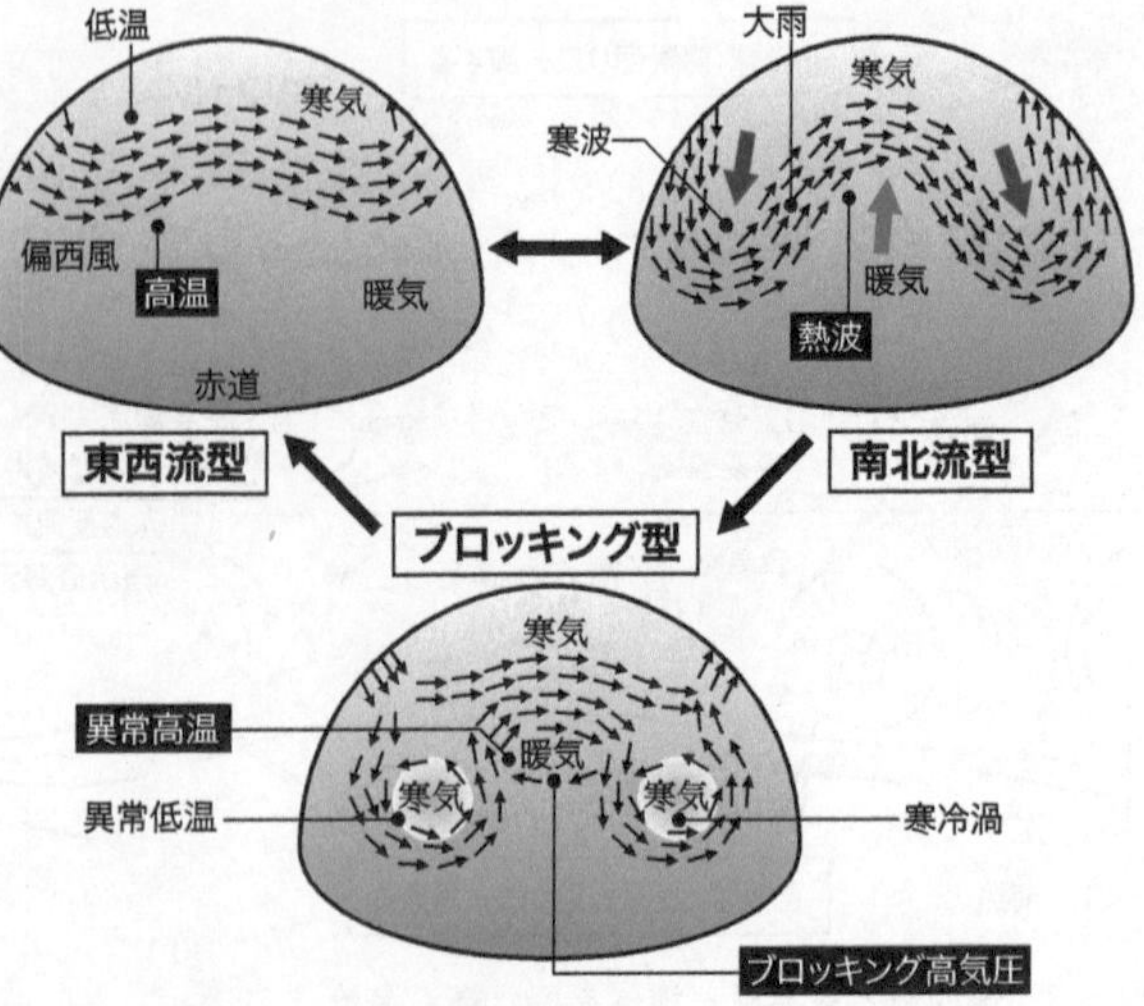

図5-4　大気循環の3つの基本型

南北流型が長く続くケースでは、偏西風は南北に大きく蛇行し始めます。結果的に、北から寒気が南下した地域で寒波が、逆に南から暖気が北上した地域では熱波が発生します。さらにその中間に位置する地域では、大雨・洪水が生じやすくなるのです。

こうした南北流型が強くなったとき、3番目の型である「ブロッキング型」となります。ブロッキング型は非常に長く続き、通常の偏西風から切り離された「大気の渦」を生み出します。

南側に寒気を伴った低気圧が出現し、緯度の低い地域に異常低温が発生します。一方で北側には、暖気を伴った高気圧が現れて、異常高温となります。

結果としてできた高気圧は「ブロッキング高気圧」と呼ばれ、冬には大寒波と豪雪を招き、夏には猛暑や豪雨を引き起こします。つまり世界各地で災害を誘発する天候を生じさせるのです。高気圧と低気圧が数週間以上も同じ場所にとどまることがあるため、異常気象が発生しやすくなります。

ジェットストリームと関係が深いのが、海水面の温度です。この温度の異常も、異常気象を引き起こします。

太平洋東部の赤道付近から、南アメリカのペルー沿岸にかけての海水面の温度が、通常よりも1~2℃、ときには5℃ほど高くなることがあります。この現象を「エルニーニョ」(神の男の子〈幼な子キリスト〉、の意)と呼んでいます。1~3か月程度で終わることが多いのですが、半年から1年続くこともあり、その時期には干ばつや冷夏などが世界各地で確認され、「エルニーニョ現象」といわれるようになりました。

エルニーニョ現象の原因は、貿易風が弱まることです。貿易風の影響によって、太平洋東部の海水面の、太陽に照らされて温かくなった海水が西へと流されます。すると、冷たい水が海底から上昇してきて、海水面の温度が下がります。ところが貿易風が弱まると、温かい海水は西のほうへあまり流されないため、海底から冷水がのぼってくることも減り、海水面の温度が上がるのです（図5－5）。

海水面が温かい場所では、雲をつくり出す水蒸気が多く発生し、雨を降らす積乱雲が上空にできます。ただ、エルニーニョ現象が起こると、広い太平洋全体の海水面の温度状況が変化するため、上空の気候も変わります。こういった状態が長く続くことが、異常気象を世界各地にもたらしていると考えられます。

逆に、太平洋東部の海面水温が低くなることがあります。これを「ラニーニャ現象」（神の女の子、の意）と呼んでいます。エルニーニョ現象とは逆に、貿易風が強まることで発生し、こちらも異常気象の原因となります。日本はエルニーニョ現象が起こると冷夏・暖冬となり、ラニーニャ現象になると猛暑・厳冬となります。

地球の各地でさまざまな異常気象が起こっているため、地球温暖化がその引きがねとなっている、という指摘があるのは確かです。とはいえ、その仕組みはまだはっきりと解明されていません。

地球のバランス・システム＝「地球惑星システム」

旧来の地球科学では、地球を構成する物質や地史（地層の歴史）を、それぞれに細かく分析し研究する、という態度が主流でした。たとえば、大気の移り変わりや地球上の生物進化、

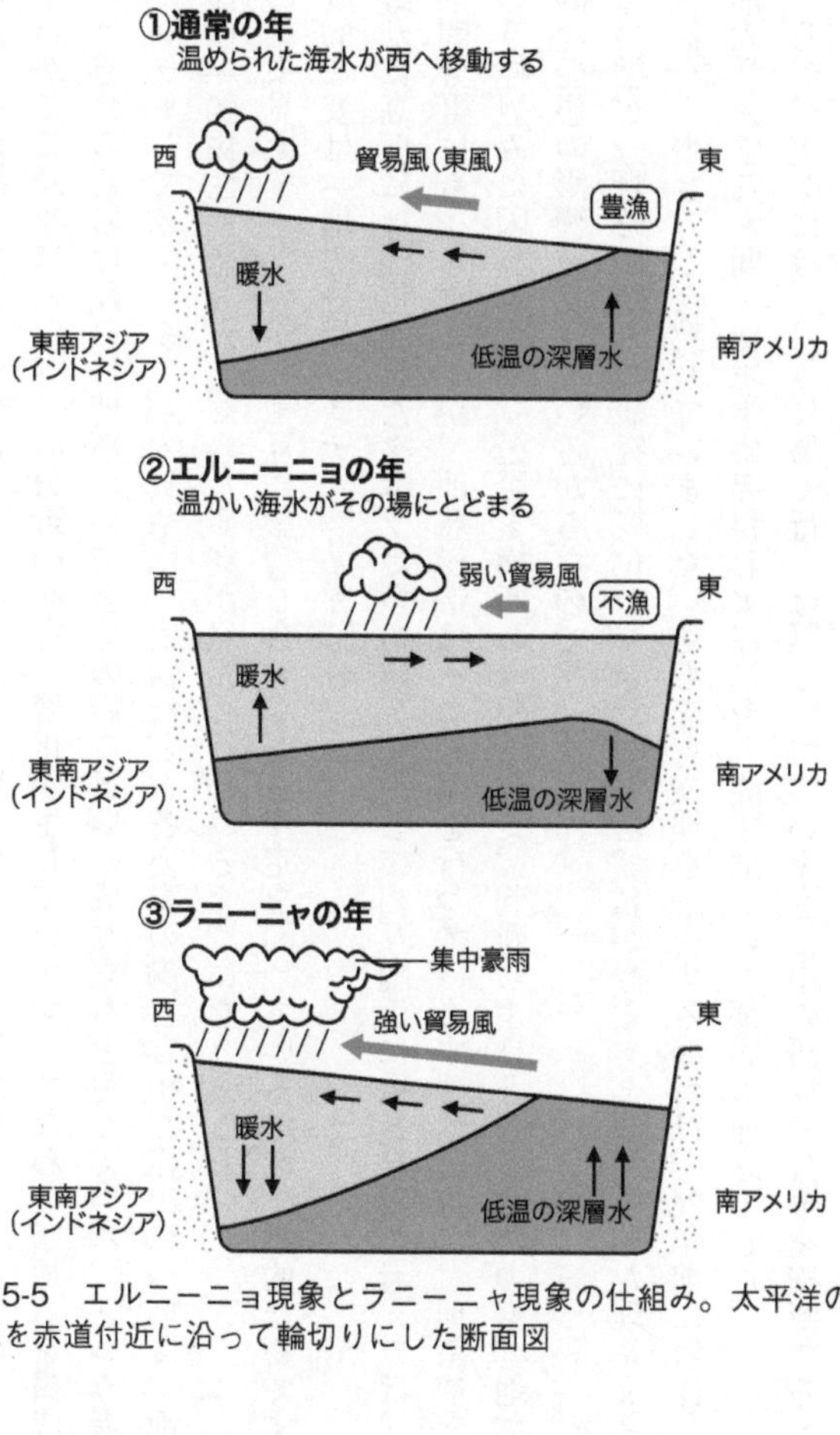

図5-5　エルニーニョ現象とラニーニャ現象の仕組み。太平洋の海水を赤道付近に沿って輪切りにした断面図

岩石の変化や地層の分布と年代などを1つひとつ、別々に見ていく態度です。

ところがここ20年ほどで、この分野の研究に変化が生じています。すなわち、地球を構成するそれぞれの要素は互いに結びついて全体の振る舞いや成り立ちを生んでいる、という考え方にシフトしてきています。大気や水、生物などの各要素の働きと相互作用について、地球全体の「関係性」に力点を置いた研究が盛んに行われるようになりました。

その結果見えてきたのが、相互に影響し合いながら安定を図っている地球の動的な姿です。この動的な姿は「地球惑星システム」と呼ばれます。

分野別に高度に専門化されたタコツボ型の研究を脱して相互関係に重きを置く考え方は、他の学問分野にも見られますが、地球科学はその先端を行っています。私自身が、理系や文系という枠組みに囚《とら》われずに、分野を横断しながら考え、判断しようとしてきたのも、地球科学的な発想の影響を受けているからなのです。

地球科学が分野を横断した研究に変化してきたことは、私がもともと望んでいた理系文系に囚われない生き方と合致していました。そもそも文理を融合する発想は、24年前に着任した京都大学大学院人間・環境学研究科および総合人間学部という部局の理念でした。

ところが、実際には「言うは易く行うは難し」で、いま進行中の研究で分野を横断するのは、どの教授にとっても至難の業でした。こうした中で地球科学はいち早く分野横断の研究手法を取り入れ、さらに地震・火山・気象災害に関する防災学では社会学・心理学・政治学・公共政策学など文系の知見を積極的に研究に組み込んでいきました。

たとえば、私が南海トラフ巨大地震を一般市民に伝える際のコミュニケーション術は、まさにこうした文系学問から学んできたものです。これは大学着任の3年後に北海道の有珠山と伊豆諸島の三宅島が噴火し、その後も地震や噴火が頻発していただけでなく、今から10年前に東日本大震災が起きたことと密接に関係します。

つまり、大学で教鞭《きょうべん》を執るようになってから日本列島では「大地変動の時代」が始まり、いやおうなく地球科学者にそのアウトリーチ（啓発・教育活動）が課せられたからです。私の最終講義でこうした話をしたのは、ある意味で歴史の必然なのかもしれません。

そして私に与えられた仕事である以上、目の前で講義を聴いている学生と、その後にいる1億2000万人の人たちに対して、彼らの命と財産を守ることに全力で取り組もうと思ったのです。

ところで、地球という大きなシステムは、「気圏」「水圏」「岩石圏」という構成要素（サブシステム）を内側に持つことで支えられています。地球には生物も存在しているので、サブシステムのなかに「生物圏」を加えることもできます。

それぞれのサブシステム（圏）は、他の「圏」とは異なる物質で構成され、相互にエネルギーをやり取りしており、形成の歴史も多様です。

地球全体の99％を占めているのは、これらのサブシステムを構成するもののうち、地殻やマントルなどの岩石圏である「固体地球」です。

固体地球は、原始地球が誕生して以降、地球内部に蓄積された熱が地表へ移動することによって駆動されてきました。たとえば、地震や火山噴火などのダイナミックな現象は、この岩石圏の生み出した活動の1つです。

一方で、地球上の物質の「流れ」に注目したときに重要になるのが、「気圏」「水圏」「生物圏」といったサブシステムです。これらは「流体地球」の領域を成し、いずれも「固体地球」の表層に存在します。

たとえば「水の循環」は、生物圏を維持するのにもっとも必要とされる循環の1つです。この循環は、地球外のエネルギーである太陽放射によって可能となります。気体（水蒸気）・液体（水）・固体（雪・氷）と姿を変えながら、気圏と水圏のなかを循環し、一部は地下水として岩石圏のなかも巡ります（図5－6）。

さらに、河川など陸地を流れる水の動きは、地上の岩石を浸食して海に栄養分を流し込んだり、土砂を供給したりします。

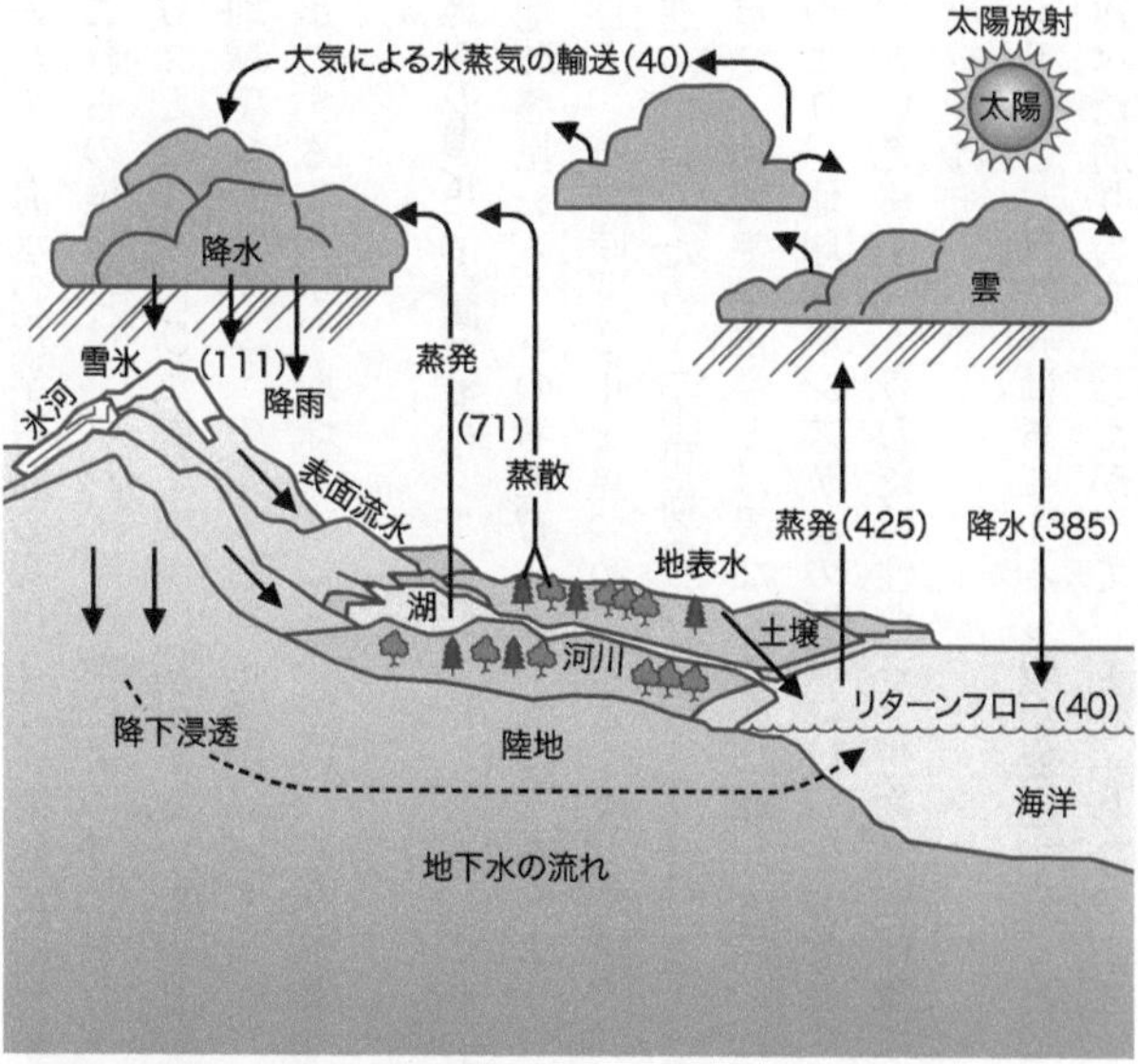

図5-6　気圏・水圏・生物圏を循環する水。図中の数字は1年あたりの水の流量（単位1000㎦）

気圏と岩石圏の相互作用には、興味の尽きない現象が見られます。たとえば大陸から飛んでくる黄砂の粒子や火山噴火により噴き出る火山灰は、大量の「物質移動」を起こしています。仮に大規模な噴火が始まってエアロゾル（粒子）や火山灰が気圏内に供給されると、そうした動き・流れによって、気候変動が生じることがあります。

また、二酸化硫黄や塩化水素などの火山ガスは、岩石圏の中にある地上の岩盤の化学的な「風化」も促進します。こうしたガス成分は、最終的に海洋に流入して、海水の化学組成を変化させ、海底に沈殿物による堆積物を残します。

これらの堆積物は、プレート運動によってマントルの中へと沈み込み、長い時間を経て火山ガスとなって再び気圏に向かい噴出する、というわけです。

「地球惑星システム」のこうした相互関係、すなわち物質とエネルギーの流れを定量的に明らかにすることが、地球科学にとっていっそう重要なテーマとなっています。

地球の進化、人間の進化

地球惑星システムの考え方においては、このように、地球を構成するすべての「圏」の関係性と、その時間変化を見つめていきます。地球のプロセスは、時間経過とともに一方向へと進んでいくため、「不可逆の現象」と呼ばれます。二度と同じことが繰り返されないという点で、物理学や化学とは異なる体系に属します。

つまり、地球惑星システムの形成には、生命誕生や進化と同じ「歴史科学」的な構造がある、といえます。こうした特性から、生物学と同様に、地球史においても「進化」という言葉が使われます。

もともと、自然界はあらゆるものが変動することで均衡が保てるようにできているのは先に述べた通りです。したがって、より「しなやかに」「柔軟に」変化する能力を持つことが、自然界の摂理にかなった動きとなります。

　もし変化を拒むような現象があれば、自然界とは相性が合わず、いずれそうした現象は衰退してしまいます。地球上の生物はすべて、この変転の原理に沿って環境の変化に合致したシステムを構築してきたからです。

　人間も例外ではありません。自然の摂理に従って進化してきました。人体には、こうした流れを裏付ける優れた機能が備わっています。それを最初に指摘したのは、アメリカの生理学者ウォルター・キャノン（1871〜1945）です。

　たとえば、出血しても血液は自然に凝固し、暑くなると体温の上昇を抑えるために汗をかきます。キャノンは、このような調整機能を「ホメオスタシス」と名付けました。生体を常に安定状態に保つシステムのことです。

　このように大きな自然の摂理を念頭に置くと、現在の地球の姿も、太陽系の寿命である100億年という時間内の進化の一断面だととらえることができるでしょう。地球は誕生以来46億年が経過していますから、太陽系の寿命の半分に差し掛かるころだ、といえます。

第六章

減災の意識を持つ

1991年の三宅島噴火で降り積もった火山灰の野外調査
(撮影 伊藤順一)

知識は命を救う

私は大学に着任して以来24年間、地球科学の「アウトリーチ」に取り組んできました。「科学の伝道師」を自任して日々活動し、退職後も原稿執筆に講演会（コロナ禍のあいだはリモートで）に、と毎日を送っています。

自分を突き動かしている原動力は何かと考えてみると、やはり「一人ひとりが自分の命を救ってほしい」という思いであることに気づきます。

命を救うためには知識が必要です。「はじめに」でも述べたように、フランシス・ベーコンの言う「知識は力なり」です。私はアウトリーチで、地球科学を普及させる立場をとって、さまざまな場所で「辻説法《つじせっぽう》」をしてきました。

専門家が一般市民に向かって手を伸ばす、伝えることは非常に大事な活動です。人は情報を得ることによって、巨大地震や火山噴火からでも自分の命を自分で守ることができるようになるからです。しかも、自分の命を救うことは、ひいては日本を救うことにもつながります。

ところで、私は通常の講演でも講義でもパワーポイントを使いません。今回の最終講義でも、もちろん使いませんでした。

1995年に阪神・淡路大震災が起きたとき、私は現場の調査で被災者の皆さんの話を聞

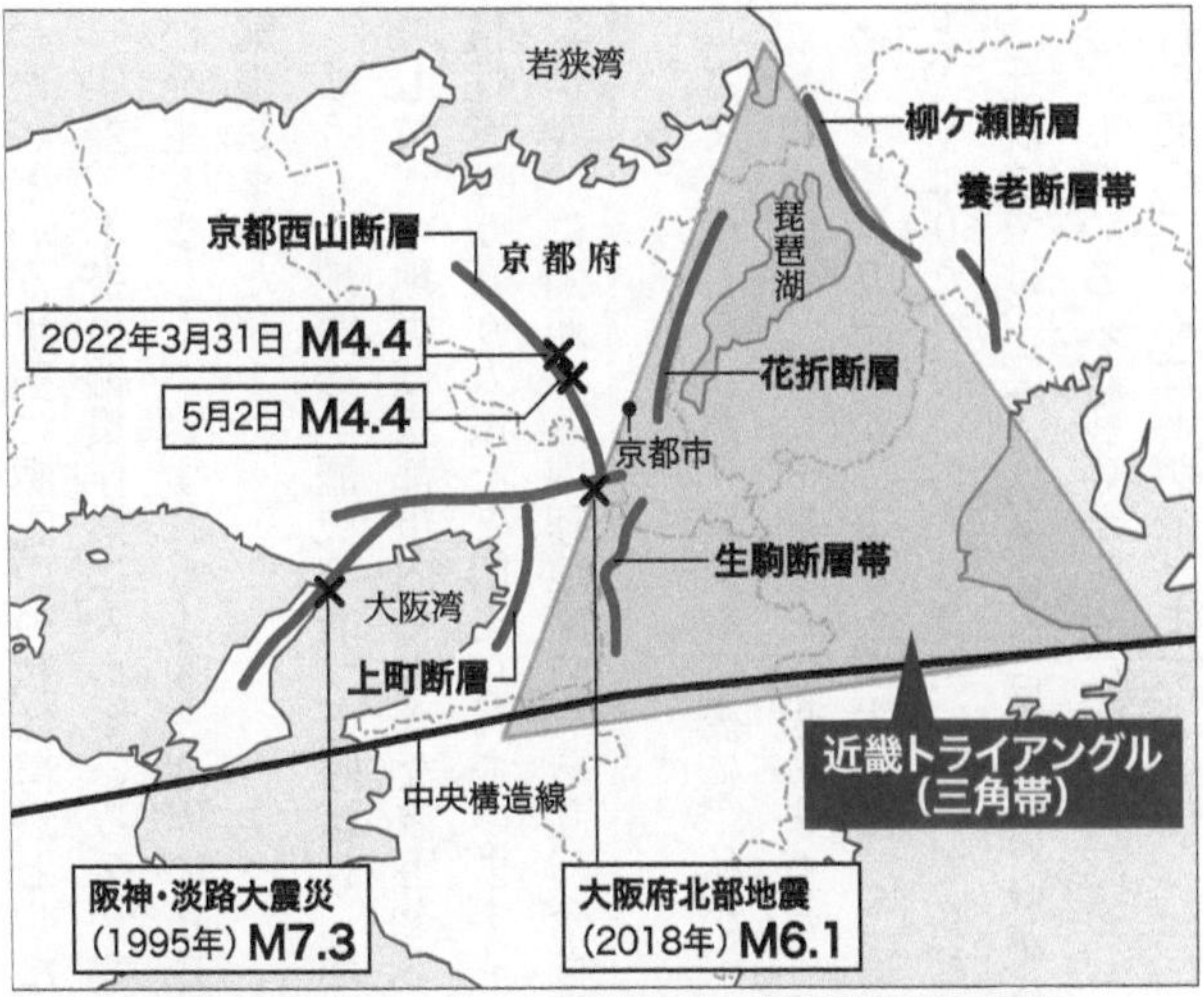

図6-1　近畿トライアングルと最近起きた直下型地震の震源

いて愕然としました。「関西には地震が来ないと聞いていた」「地震といえば東京だと思っていた」と、口々に話していたからです。

地震学者など地球科学者は、六甲山《ろっこうさん》には活断層があるし、大阪には上町《うえまち》断層、さらに京都にも花折《はなおれ》断層などの活断層があることを当然知っています。「近畿《きんき》トライアングル」といって、関西も活断層に囲まれているのです（図6－1）。

関西にも地震の巣がありますから、いつ直下型地震が起きてもおかしくありません。震災が起きる30年前から、地震学者はそういうことを新聞や雑誌などに書き、講演でも話していました。それがまったくと言っていいほど伝わっていなかった、という事実に調査中の私は愕然としたのです。

実際、本書の編集作業に入っている2022年3月と5月には、京都南部で震度4の地震が発生しました。いずれも1830年に起きた「文政《ぶんせい》京都地震」と震源地が近いので、私は緊張しました。

こうした地震は「歴史地震」と呼ばれ、地震学者と歴史学者が協力して研究しています。そしてこの地震は京都市内で大きな被害をもたらしたマグニチュード6・5の直下型地震で、犠牲者1000人以上と伝えられています。しかも関西の活断層の巣である「近畿トライアングル」に関連する内陸地震でもあり、今も変わらず地震への警戒は必要なのです。


さて、阪神・淡路大震災の直後に、私が伝えようと思ってきたことが伝わっていないと気づいたとき、これは大問題だと思いました。新聞などのメディアで発信するだけでは限界がある、やはり語りかけることが大切だ、と痛感しました。肉声で、聴衆の顔を見ながら話すと、やはりたいていの人は真剣に聞いてくださいます。だからこそ、辻説法なのです。

辻説法では、「今日の聴衆は反応がいいからこういう流れで話そう」とか、「今日は退屈そうにしている人が多いから先に面白い話をして興味を持ってもらおう」とか、臨機応変に進行を変えていくことができます。

「辻説法」と書きましたが、歴史上の宗教家である法然や親鸞、日蓮たちも、皆そういうことを実践してきたのではないでしょうか。仏教界の偉大な始祖たちは、みな辻々に立ち、聴衆の一人ひとりに語りかけたのです。

パワーポイントを使ってきれいに、スマートに見せるよりも、自分の声で語るほうが、実は思いやエネルギーが伝わると私は考えます。自分の信念、気持ちが声に乗るからです。さらにマイクを使わず地声で語り掛けるようになりました。

地声で話すことには、もう1つの意味があります。たとえば「3・11」が起きたときにも使われましたが、「率先避難者」という言葉があります。

率先避難者とは、「火災が起きるからこっちへ逃げてください！」「津波が来ますよ！」ということを大声で、本気で伝え自ら率先して避難する人のことです。

南海トラフ巨大地震や首都直下地震、富士山の噴火などが起きれば、まず、電気が止まります。そのようにインフラが機能しなくなったとき、どうやって情報を伝えたらいいでしょうか。ライフラインがすべて途絶したら、メールも送れず携帯電話もつながりません。それでも何かを伝えなければいけないとき、最後にたよれるのは「声」です。大声が必要になるのです。

「減災」の意識を持って

津波が来たときは、急いで高台に避難する必要があります。津波が来ることを知っている人が、先に高台に駆け上がります。その人が周囲に信頼されていればついていく人が現れます。5人でも10人でも50人でも、ついていった人たちは助かることができます。

率先避難者が、他の人たちに「先に逃げて」と言ってしまっては、その人自身が亡くなってしまうかもしれません。ひょっとしたら一緒にいた人も躊躇《ちゅうちょ》して逃げ遅れるかもしれません。

冷酷かもしれませんが、知識があったら、まずは自分が助かってください。大切なのは知識のある人がまず自分の身を守ることです。次に、家族やコミュニティを守ります。ただ、自分が助かるためには知識が必要です。勉強しなければいけません。知識を身につけることとイコール身を守ることなのです。

私は一人でも多くの人が率先避難者になってほしい、と願っています。現代社会を牽引《けんいん》している企業のＧＡＦＡ（ガーファ）の次世代、すなわちポストＧＡＦＡを見据えているのです。

なおＧＡＦＡとは米国の主要ＩＴ企業であるグーグル（Google）、アマゾン（Amazon）、フエイスブック（Facebook、現在メタ〈Meta〉に変更）、アップル（Apple）の4社の頭文字を取った総称です。いずれもITのプラットフォームを提供しており、世界中の多くのユーザーがGAFAのサービスを利用しています。

ポストGAFAなどと言うと唐突だと思う方がいるかもしれませんが、これからの時代を見据えれば、災害や地球科学に関する知識の重要性はいっそう増すため、ポストGAFAのプラットフォームが必要不可欠と考えます。

私はしばしばビジネス雑誌で新刊書評を依頼されるのですが、かなりの頻度で科学書や理工書を紹介します。なぜならこれからの時代、どのビジネスパーソンにとっても科学知識が必要だと思うからです。いずれ社会に出ていく学生たちにとっても同様で、それには文系や理系は関係ありません。GAFAには後れを取った我が国ですが、若い人にはポストGAFAの発想で勉強してほしいのです。

実りある勉強をする方法・戦略については、次章でくわしく述べます。具体的勉強法や戦略の話に進む前に、私たち一人ひとりに大切となる意識・心構えについて確認しておきたいと思います。そこでのキーワードは「減災」です。

自然が引き起こす巨大な災害を、人間が完全に防ぐことはできません。つまり、よく考えれば「防災」には限界があるのです。これはいわずもがなですが、ともすれば防災という言葉が一人歩きし、災害を100％克服しなければならないと考えがちです。しかし、科学的にも予算的にも、災害を完全に防止することは不可能です。現実には、災害をできる限り減らすこと、すなわち減災しかできません。このことをぜひ念頭に置いてほしいと思います。

このような減災重視の考え方は、とくに「3・11」の後に一般の人々にも広まりました。自然の営為に人間はどこまで対応できるのかについて、現実的に考えるようになりました。

いま、さまざまなメディアで地震発生確率が話題になっています。そこで登場する個々の数字は、科学的なシミュレーションに基づいて計算された数値です。ところが私が見ている限り、その発生確率に関心を持つ多くの人々は、最新の数値を知ることに汲々《きゆうきゆう》としているようにも感じられます。

大切なことは、数字に一喜一憂することではなく、自分の行動を変えることができるかどうか、です。直下型地震など巨大災害はいつ起きても不思議ではありません。したがって、地震が必ず来るという前提で、身の回りに対する準備を始めてほしいのです。

指示待ちではなく自発的になるには

減災を成功させるために必要なことは、「たったいま、自分ができることから始める」です。誰かの指示を待って、それに従って行動すればよい、という受身の考え方ではいけません。非常時になってから行動を起こせばよい、という姿勢も違います。

専門家は綿密なシミュレーションや過去の事例に基づいて、有益な情報を多く発信しています。それらの情報を十分に参考にしながら、自分たちが日常できることから開始してください。

ここで私はよく質問を受けます。

「やる必要があるのは重々承知しているのですが、いそがしい日々の中でいつも後回しになってしまうので、どうしたらいいでしょうか」

私の回答はこうです。

「自分の誕生日とか、防災の日の9月1日とか、まず日を決めて始めることです」

何をきっかけにしても良いので、その日に防災グッズを揃えるとか、賞味期限の近い非常食を交換するとかします。これに関してはネット検索すると、たくさんの人が面白いアイデアを提供しています。

大災害が過ぎた後にも、災害に向けた準備をおこたりなく続けることは、難しいことです。「のど元過ぎれば熱さを忘れる」の喩《たと》えがある通り、長年にわたって地震や津波に対して自発的に準備しつづけることは、不可能に近いかもしれません。

ここには、教育にかかわる根本的な問題が横たわっています。すなわち、「教えること」だけではなく、「実行させること」や「自発的に続けさせること」のためには、情報の伝達とは次元の違うプログラムを、専門家の側で用意する必要があります。

後者を可能にするようなシステムを前もって作っておかないと、本当の減災にはつながりません。このような本質的な問題を、私自身も「3・11」以降に、明確に意識するようになりました。

いかに正しい知識でも、それをそのまま伝えるだけでは人がなかなか行動してくれないのは、阪神・淡路大震災でも、東日本大震災でもまったく同様でした。「3・11」では、海で巨大地震が発生しているのに、津波襲来の前に高台へ逃げなかった方が大勢いたのは先述した通りです。人々に避難行動を起こしてもらうことは、想像を超えて難しいのです。

このような経験を重ねたことで、私は市民一人ひとりの「自発的な行動喚起」をより重視する立場へと移っていきました。市民同士による自発的な減災活動が継続するために何をすれば良いかを、いっそう考えるようになったのです。

「3・11」でも、専門家に頼らずに行動して救命に成功した例はいくつもあります。こうした人たちは、まず「自分たちでできること」から始めていました。そういう行動が、結果として大切な命を守ることにつながったのです。お上の指示を待っているだけでは、命は守れないのだということを忘れないでほしいと思います。

正常性バイアスを知り、シミュレートする

どうしたら人は、自発的な行動を起こせるようになるでしょうか。「頑張る」「努力する」といった精神論を持ち出しても、本質的な解決にはなりません。自発的な行動を成功させるためには、まず自然災害に際して人間がどのような行動を取りやすいかについて、知っておく必要があります。

心理学や社会学の面では、災害時の行動に関する数多くの研究があります。馴染みのない現象が突発的に起きたときに人々が陥りやすい行動を分析すると、心理学用語で「正常性バイアス」と呼ばれる心のあり方が影響していることがわかります。

正常性バイアスとは、非常事態が起こっているにもかかわらず、「自分だけは大丈夫」あるいは「まさか自分に被害が及ぶはずはない」と思うことです。たとえば、自分が暮らす地域に津波警報が出されても、「ここまでは来ないだろう」と根拠なく思う心理です。結果、逃げ遅れて溺死する可能性が生じます。

ただ正常性バイアスは、過剰な心配を平常の感覚に戻すための認知メカニズムの働きであり、人間にとって正常な知覚でもあります。散歩をするたびに、横の道路を走る自動車がガ

ードレールを飛び越えてぶつかってくるのではないか、などといつも心配していたら、日常生活は送れません。過敏な状態に陥らないために、正常性バイアスは必要です。

しかし災害時は、この正常性バイアスが良くない働きをしてしまうことがあります。災害時に正常性バイアスに陥らないためにも、大地震や津波、噴火についての正しい知識を持ち、諸々のシミュレーションをおこなっておくことが大切です。

たとえば、都会の地下街を歩いているときに大地震が発生すれば、一刻も早く地上に出なくてはなりませんが、地下は揺れが地上よりも少なく、安全だという思い込みがある方もいるかもしれません。

確かに揺れに関しては構造的にも安全性は高いでしょう。しかし、実は東京や大阪などの低地に津波が押し寄せると、水が怒濤《どとう》のように地下街に流れ込み、人は階段ものぼれなくなり、溺《おぼ》れ死んでしまう可能性があります。「津波は何度も来る」「後に来る波のほうが大きいこともある」といった知識も重要です。

そのようなときに、異常事態に気づかなかったり（「同化性バイアス」が働く）、周囲の人たちが動かないので自分も同じように振る舞ったり（「同調性バイアス」が働く）したら、命取りになります（図6−2）。

同化性バイアスも同調性バイアスも、ともに正常性バイアスを支える要素です。同化性バ

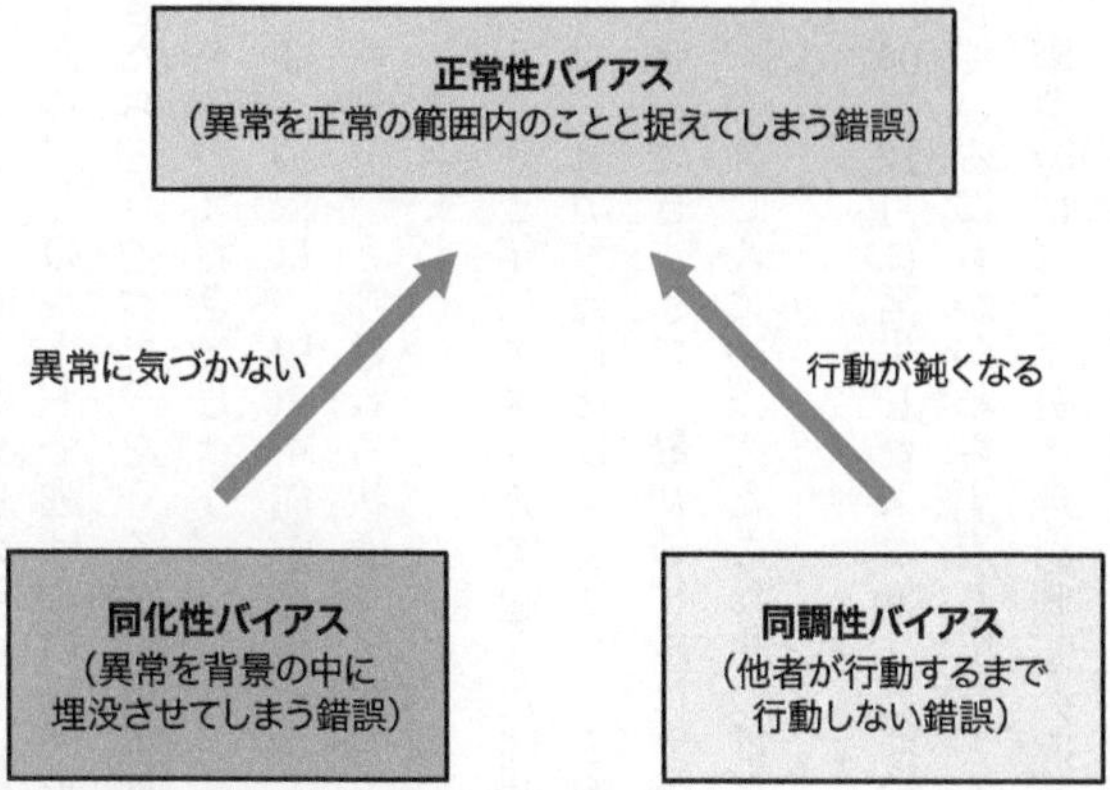

図6-2　正常性バイアスをもたらす同化性バイアスと同調性バイアス（広瀬弘忠氏による）

イアスとは、周りの環境や事態にみずから同化することで異常事態や心的危機を回避する働きで、日常世界においては心身の安定を図るために必要です。

同調性バイアスは、周囲の人の価値観や感覚に行動や思考を同調させる働きで、「空気を読む」能力でもあるので、集団生活のなかではある程度求められます。ところが有事の際に、こうした心の働きに左右されてしまえば、文字通り、命が危機にさらされるのです。

普段からさまざまな災害へのシミュレーションを試みておくことも大切です。知識だけがあっても、長いあいだ意識することがなければ、せっかくの知識を役立てられないからです。

たとえば、直下型地震が発生したとき高層階で仕事中だったら、あるいは人混みのなかにいたら、どのルートで逃げるのか。歩道を歩いているときにビルからガラスや看板が落ちてきたらどうやって身を守るか。地下鉄に乗っていたらどうするか、などの場面ごとにシナリオを作っておきましょう。

多くの人は、緊急事態が発生すると茫然《ぼうぜん》自失して、判断を停止してしまいます。「凍りつき症候群」と呼ばれる状態ですが、その結果、動けない時間が長くなればなるほど逃げ遅れてしまいます。

2001年にアメリカで起きた同時多発テロ事件(いわゆる「9・11」)の際、1機目のジェット機が激突したビルよりも、2機目に激突されたビル内にいた人たちのほうが、迅速な避難ができました。最初のビルにいた人たちが、突然の事態に立ち往生してしまったのに対し、次のビルにいた人たちは少し前に起きた様子を見ていて、何が起きたのか理解できたからです。

04年12月に発生したスマトラ島沖地震で巨大津波が押し寄せたときも、波が目前に迫ってきているにもかかわらず走り出すことすらできなかった人が大勢いました。

緊急時には、1分1秒の判断の遅れが命取りになります。「人は凍りつき症候群に陥りやすい」という知識を持ったうえで、複数パターンをシミュレートしておくことが有効になります。

「空振り」を受け入れる姿勢を持つ

地震の場合、大きな揺れが生じる前に、携帯電話やテレビ、ラジオなどが、緊急地震速報のメッセージを発してくれます。もっとも早い場合は揺れが始まる数十秒前に、地震の発生を知らせる機能です。防災上たいへん有効で、自分の身を自分で守るために活用することができます。

「3・11」以降、この緊急地震速報が出る回数が非常に増えました。気象庁は、緊急地震速報を受け取った地域すべてで震度3以上が観測された場合は「適切」とみなし、1か所でも震度2以下を観測した場合は「不適切」と評価します。この「不適切」評価が、「3・11」以降に増えました。

これは、マグニチュード9・0という巨大地震が起こったことで余震が多発し、離れた地点でほぼ同時に余震が起きたことが原因です。現在のシステムでは、複数の観測データの分離がうまくできず、緊急地震速報の「空振り」がゼロにはなりません。

こうした状況が続くと、オオカミ少年状態、つまりその情報を誰も受け付けなくなるようになり、地震への危機感や警戒心が薄れてしまい本当の巨大地震が起きた際に、役に立たない恐れがあります。

皆さんには、緊急地震速報は一刻も早く予測を出すためのシステムであり、空振りを生じさせないことより「見逃し」がないことを重視しているということをお伝えしたいと思います。

地震の専門家が、もし「正しい情報を出すのは自分たちだけだ」という思いを強く持っていると、オオカミ少年状態を怖れ、萎縮《いしゅく》するようになります。また、一般市民が「専門家が出す情報はいつも正確で、市民は情報の受け手だ」と考えていると、「専門家が何でもやってくれる」という思考停止になってしまいます。

現在のように新型の自然災害がいつ発生してもおかしくない状況で、こうした専門家と市民の依存関係が作られると、自然災害に対してきわめて脆弱《ぜいじゃく》な社会になってしまいます。専門家サイドは不必要な完璧《かんぺき》主義を脱し、一般市民のほうも過剰に専門家に頼る状況をつくらないようにしてほしいと思います。

自然に対しては、完璧を求めず、「不完全」を受け入れる勇気を持つことが肝要だと考えています。

個別「ハザードマップ」の重要性を知る

減災を考えるときに威力を発揮するのは、自分のもっとも身近で起こりうる災害についての情報です。個別に与えられる情報としては、地域ごとに作成された「ハザードマップ」(自然災害予測図)があります。

たとえば火山噴火の場合は、ハザードマップは火山災害予測図と訳され、噴火により飛来する噴石や火山灰の降下域や、溶岩流の進行方向、泥流の被害想定地域等がカラーで表示されます(第四章、噴火被害予測の各節も参照)。

最近では、台風や集中豪雨による被害想定地域に関して、専門家監修のもとで自治体が作成したハザードマップもあります。たとえば豪雨で近隣の川が氾濫したとき、自分の暮らす地域ではどの場所まで浸水するのか、土砂崩れはどの区域が危険か、などを知っておくことは非常に大切です。

減災の方法は、地域ごとに異なります。誰にでも、どの場所にでも当てはまる一般的な方法論はありません。行政側は、各地域・住民用の減災固有メニューを考えてほしいですし、読者個々人もカスタマイズした減災方法を把握してください。

先に災害の複数パターンをシミュレートしておくことが大事だと述べましたが、自発的におこなうのが難しい場合は近隣住民同士で寄り合っておこなうこともできます。大勢で話し合いながら、実際に起きそうな事態へのイメージを膨らませます。つまり、災害情報を住民みずからが提供し合って、その地域に合ったシミュレーションをおこない、シナリオを作成しておくのです。

大勢で作る防災情報として、参加型の「ウェザーニュース」があります。ここでいう「ウェザーニュース」とは、天気予報を提供する気象情報会社ウェザーニューズのことではなく、自分の現在地点の気象情報をインターネットで共有し合うことです。

このように集団で作るローカル情報は、情報の受け手のみならず、発信する人にとっても満足感が得られます。人間は、他者に有益で役立つ行為をすることを好む生き物であり、ウェザーニュースを共同制作することで、連帯感や共有感が生まれます。

みずから能動的に情報作成に参加することは、地域の減災上、たいへん有効です。「こういう情報がほしい」と望む情報を集める作業は、緊張感と責任感をもたらし、より正確で信頼できる情報を積み重ねていくことにつながるからです。

地域住民が共同で防災計画を作るアイデアの根底には、「ジョイン&シェア」という考え方があります。参加し、分けあう、つまり「自分も人も救うために情報を提供する」という発想です。

自然災害が起きたとき、実際に必要となる緊急情報を挙げてみます。

1　現在どこで、どんな危機的な災害が起きているのかという「災害地・危険度情報」
2　いつ避難するべきかという避難のタイミング、また、どちらの方向へ避難すべきかという具体的な「行動指示情報」
（以上2点は、直接命に関わり、緊急の判断を要するものです）
3　刻々と変化していく災害の事実について、リアルタイムで的確に伝える「被害進行情報」
4　災害が起こった直後から急速に必要度が増す「安否情報」
5　ライフラインや道路の状況、運輸手段など、被災地での今後の生活に欠くことのできない「生活情報」

今自分の持っている情報を速やかに他者へ伝えて、活用してもらうことが重要です。市区町村などの公的機関にもぜひ伝えましょう。

こうした項目に対して、一般市民が共同で取り組むことで、各人が情報の生産者になるとともに、切実に情報を必要としている人たちに伝達することが可能になります。巨大災害等の非常時にコミュニティに参加し、「減災」に具体的に貢献することが、「ジョイン＆シェア」の目標です。

また、町内会に加入することで、減災情報や、災害時には備蓄品の配給を得られたりするメリットがあります。

以下に、要点をまとめましょう。

1　日常生活のなかで自ら情報発信し、また情報を共有し合う

2　情報が風化してしまう前に、大事な情報は繰り返すことで定着させる

3　単一の目的だけでなく、一石二鳥をねらう

4　その土地にカスタマイズし、個々の地域にとって有効な情報を打ち出す

これらに加え、事態の変化に合わせて臨機応変に「システム」を組み換えられる柔軟性を備えることも大切になるでしょう。

第七章
ポストGAFAを見据えて
――必要となる思考、知識、教養

最終講義の終了後、研究室で学生たちに服を配るようすをNHKテレビが撮影（撮影 高島香里）

戦略的な勉強を

前章では「減災」をキーワードに、率先避難者となるための意識や心構え、方法について述べました。本章では、重要な知識を習得するために、実りある学びのための戦略・方法について、具体的に紹介していきます。私自身が実践してきたやり方でもあります。

前章では助かるためには自分が勉強しなくてはいけない、と述べました。ただ「勉強」とは、何も嫌々ながら、苦行のごとくに実践しないといけないものではありません。同時に、場当たり的であってもいけません。

高校受験や大学受験、ひいては社会人になってからの各種資格試験においても、試験前には猛烈に勉強するものの、合格直後をピークに知識・学力が低下の一途を辿る人は多いようです。私が大学で教える中でも、入学時に誇っていた高い学力があっという間にダウンしていく学生の姿を目の当たりにすることが、ままありました。

受験用の勉強はそうした性質のものかもしれませんが、本来「学び」とはある時期だけに偏ったものではないはずです。いったん習得したらいつまでも失わない、本当に大切な知識を身につけてほしいと思います。

災害などの緊急時に命を救えるか否かを分けるタイミングで必要となる知識は、その1つと言えるのではないでしょうか。習得のためには、もちろん学びの継続も肝要です。

災害時における知識は場当たり的では役に立ちません。そのためには戦略的な勉強が必要です。戦略という言葉を使うのは、勉強は目的とセットでなければならず、目的達成のためには戦略が必要だと考えるからです。何も、勝ち負けを重視してこの言葉を使うわけではありません。

ではこの勉強の目的とは何でしょうか。いうまでもなく、「命を守る」ことです。これ以上に明快かつ大切な目的があるでしょうか。ただ、最終目的が命を守ることであるにせよ、いつ訪れるかわからない災害のために、日々、生死の問題だけを意識するのは苦しく、難しいことだと思います。

よって、目的を、自分にとってもっと日常的な問題（仕事で成果を上げる、など）に引き寄せることで、より楽しんで勉強に向かうことができるはずです。

たとえば私なら、多くの人に火山を身近に感じてもらえることが、差し当たっての目的でした。私の仕事の核にあるのは火山研究ですから、火山や噴火については膨大な量の知識を身につける必要があります。そのために当然ながら、世界中の火山現象に関する勉強をしてきました。

なお、ここでちょっと疑問を感じる方がいるかもしれません。世の中には仕事にも何も関係なく、自分で満足することを目的に勉強している人も多くいると思います。たとえばＢＴ

Sが大好きで韓国語を学んでいる人などです。私もK－POPの気に入った歌がいくつもあり、言葉が分かったらどんなに良いだろうなと思います。

だから「社会へ還元」することと無関係に勉強することは、とても素敵なことで、人生に大きな喜びをもたらすと思います。ただ、勉強するまえに、それが自分にとって何のためなのかを少し考えてみてほしいのです。

ここで、「知的生産」と「知的消費」という言葉を紹介して整理してみます。知的生産とはレポートや企画書など、何か知的な文章や作品を作ることを言います。

一方、人間の知的活動には様々なものがあるので、知的活動をしたからと言って情報生産（アウトプット）するとは限りません。中にはまったく消費的なものも少なくなく、ゲームをたのしむのは一種の知的消費です。そのほか、本を濫読する、旅行する、人と話すなど、知的な活動ではあるけれども直接生産に結びつかないことはたくさんあります。ネットサーフィンなどは現代の知的消費の最たるものでしょう。

そして知的消費には、人生に喜びをもたらし豊かにしてくれるという大切な機能がありますが、これに過度に陥ると知的消費だけで人生が終わってしまいます。それでもいいと言う人も世の中には数多くいますが、私は少し残念な気がするのです。

もちろん自分の人生を大事にすることは尊いことですが、せっかくなら周りにいる人も大切にして、何かできることをしてあげたいと思いませんか。バートランド・ラッセルやカール・ヒルティが『幸福論』で説くように、他人に貢献してみると自分の幸福が思ったよりずっと増えるからです（拙著『座右の古典』ちくま文庫、230ページ）。

知的生産というのは、自分の知力を人のために使うという考え方が根底にあります。だから私は、人生でする知的活動の最たるものである勉強を、知的消費だけでなく知的生産にも繋《つな》げてみてはいかが、と学生たちにも説いてきました。

大事なことは、知的消費が悪いと言っているのではなく、知的生産とはっきり区別するところから勉強の意味が明確になるということなのです。

さて、「周囲に認められることを念頭に置く」ことで、場当たり的でない、一生モノの勉強をすることが可能になります。しかも勉強には、いつから始めても遅くない、という年配者にはとても嬉《うれ》しい性質があります。

多くの良いインプットをおこない、質の高いアウトプットをし、周囲から評価されることで、人は満足感と生きがいを得ることができます。

私自身が過去だけでなく今も実践している「戦略的勉強法」のエッセンスを、以下にお伝えしましょう。

知識→アウトプット→教養のサイクル

勉強の戦略を明確化するために、まず、自分が勉強する分野を決めてください。ここでは便宜的に、あるビジネスパーソンが自分の仕事で高い成果を生むことを目的に学ぶケースを想定します。

実りある結果を出すためには、大枠として、以下のようなことが必要となります。

1 仕事に関する知識を習得する
日常の業務をおこなうためには、基本的な知識に加えて周辺知識を得ることも、きわめて大事です。これらが自分の能力の「核」となります。

2 幅広い知識を使って、とりあえず「アウトプット」する
この「アウトプット」のために、周囲の人たちに理解してもらう、あるいは協力してもらうためのスキルを身につける必要があるでしょう。

3 周囲の人たちを引きつけるため、人間的な「魅力」を磨く
与えられている仕事の周辺知識にとどまらず、幅広く深い「教養」を身につけることが重要となるでしょう。

まとめると、差し迫っている仕事のための勉強は大切で、同時に、常に好奇心を持ち続けて教養を深めることも大切だ、ということです。勉強と教養、実は両者は不可分に結びついています。

たとえば、仕事においても好奇心を満たすための努力をしていると、教養までどんどん深まります。単に与えられた内容をこなすだけでなく、その仕事の周辺にある事柄に興味を持ってみる。たとえば、今まで知らなかった地域の情報や、自分が関心を持たなかった音楽や服装や料理が面白そうだと気づいたりします。

こうした新しい内容に好奇心を向けてみると、思わぬ所で世界が開けたりします。いわば偶然に出会ったことを楽しんでみる努力と言ってもよいかもしれません。そのうち、与えられた仕事に対しても自分だけの密《ひそ》かな楽しみを持つことができるようになります。そして仕事ができる人は、このような良い循環をつくることに長《た》けています。

その結果として、いつのまにか守備範囲が広くなり、「教養」となってゆくのです。教養の裏付けというのは、実はこうした些細《ささい》なきっかけから生まれるものなのです。

これは人間関係にも関連してきます。人間的な魅力のある人には、自然と人が集まってきます。その魅力の1つは、守備範囲が広くて様々なことに興味が持てる能力です。

同様に好奇心の旺盛《おうせい》な人にも、人は集まってきます。人が集まること自体が仕事を推し進め、自分の実力を向上させていくという、好サイクルを生んでゆくのです。

そのための大前提として、自分は将来何をしたいのか、どういう人間になりたいのか、を考えてみましょう。心理学で「ロールモデル」と呼ばれるものがあります。「こんな人になりたい」と思うようなモデルを、自分の周りに見つけてみてください。そして、その人の行動パターンを観察して、まねてみます。たとえば「その人だったらどうするか」と考えながら、自分の行動を決めるのです。

このロールモデルは、自分が尊敬できる人がよいでしょう。私の場合、通産省（現・経済産業省）地質調査所で直属の上司だった小川克郎《おがわかつろう》さん（1938〜2022）が、最初のロールモデルでした。研究でも人柄でも趣味でも、小川さんのようになりたいと本当に思いました。どこへ行くにも付いていって何でも学びました。もし日常でつきあう人の中にロールモデルがいれば、とてもラッキーといえます。

ロールモデルは「心の師匠」といってよいものです。身近にいない場合には、テレビの中の人でも、歴史上の人物でもかまいません。ただし、人格のすべてについてロールモデルである必要はありません。ある項目については、この人をしっかり見習いたい、というものでいいのです。

そしてこのロールモデルから逆算して、いま身につけるべきスキルは何か、周囲の人たちにどうアピールすべきかを、ゆっくり考えていきましょう。こうして自分をプロデュースする際に、勉強に関する戦略が必要となるのです。周りの空気に乗せられ、漠然と学んでいても意味はない、と私が考える理由もそこにあります。勉強とは、自分自身の問題としっかり向き合うことにほかならないのですから。

面白く学ぶ

勉強は楽しいものでもあります。人間は誰でも知的好奇心を持っていますから、物事の道理や理屈がわかると、素朴にうれしくなるものです。未知の領域に触れ、未踏の分野に分け入ることによる楽しさ・興奮が、勉強には付き物だからです。

それでも、ときには「楽しくない、苦しい」と感じることもあるかもしれません。そういう人は、まず自分の仕事の中から「これなら興味がわく」というテーマを見つけてください。たとえば仕事である商品に関わったのなら、その商品がどういう過程を経て生まれたのかを、考えてみてはいかがですか。材料や製造工程、流通などについて詳しく知ることで、それまで知らなかった新しい発見があるかもしれません。

「仕事だから」と強いられたように勉強しても面白くないのは、みな同じです。誰かから与えられたのではないところに、自分の興味をまず見つけ出してみてください。その際には、「思い込み」も大事です。自分が好きで選んだ深掘りや勉強だと思えば興味深く、面白みも増すでしょう。

もちろん仕事ですから、会社や組織内では守るべき約束事や締め切りがあるはずです。しかしモノは考えようです。締め切りや上司との約束さえ守っていれば、あとは自分の裁量で興味あるテーマを追求すればいいのです。「面白く学ぶ」方向に舵《かじ》を切ることができれば、勉強のスタートは上々です。

私自身を例に挙げると、私はかつて仕事を通してマーケティングに興味を持ちました。「読者に火山の面白さを知ってもらいたい」という目的のために「どうしたら本が売れるのか」について日々考えていたからです。

もちろんマーケティングは私の専門外です。民間企業に勤務する知り合いに「素人でもわかるマーケティングの本を教えてほしい」と頼み、入門書を読むことから勉強を始めました。すでに45歳を過ぎたころです。

たとえば、マーケティングの古典として『コトラー&ケラーのマーケティング・マネジメント』（丸善出版）があります。初版刊行は1968年、それ以来のロングセラーで、世界中の実務家に大きな影響を与えました。

さらに、マーケティングの根底にある思想は、デール・カーネギーの『人を動かす』（創元社）にすべて書いてあります。私は学生時代に出会って以来、40年以上も繰り返し読んでいる世界的な名著です。

さて、マーケティングに触れてみると、そこには私がそれまで接してきたのとは別の世界が広がっていました。火山の迫力を理解してもらうには、読者にとって身近な例を出すなど、読者の関心が何であるかを探る必要があります。専門的な「内輪の文体」で論文を書く習慣は、マーケティングを知ってからの世界では一気に色あせました。

専門の研究とは縁遠い人たち、理系の学問一般に何の興味もない人たちに関心を持ってもらうためには、何をおいても読者を意識した執筆が最優先です。読む人の関心に関心を持ち、次には相手の関心をつくっていくわけです。

私が講義や講演で語るのには命を守ってほしいという目的がありますが、いくらそれを望んでも、まずは相手の関心に入り込んでいかないと絶対に伝わりません。

たとえば文学が好きな人にも面白く感じてもらおうとして、阿蘇山を描いた夏目《なつめ》漱石《そうせき》の小説『二百十日』の一節を引用したりするようになり、発想そのものの転換が図られました。こういう転換は、マーケティングを勉強した結果得られた大きな効用です。

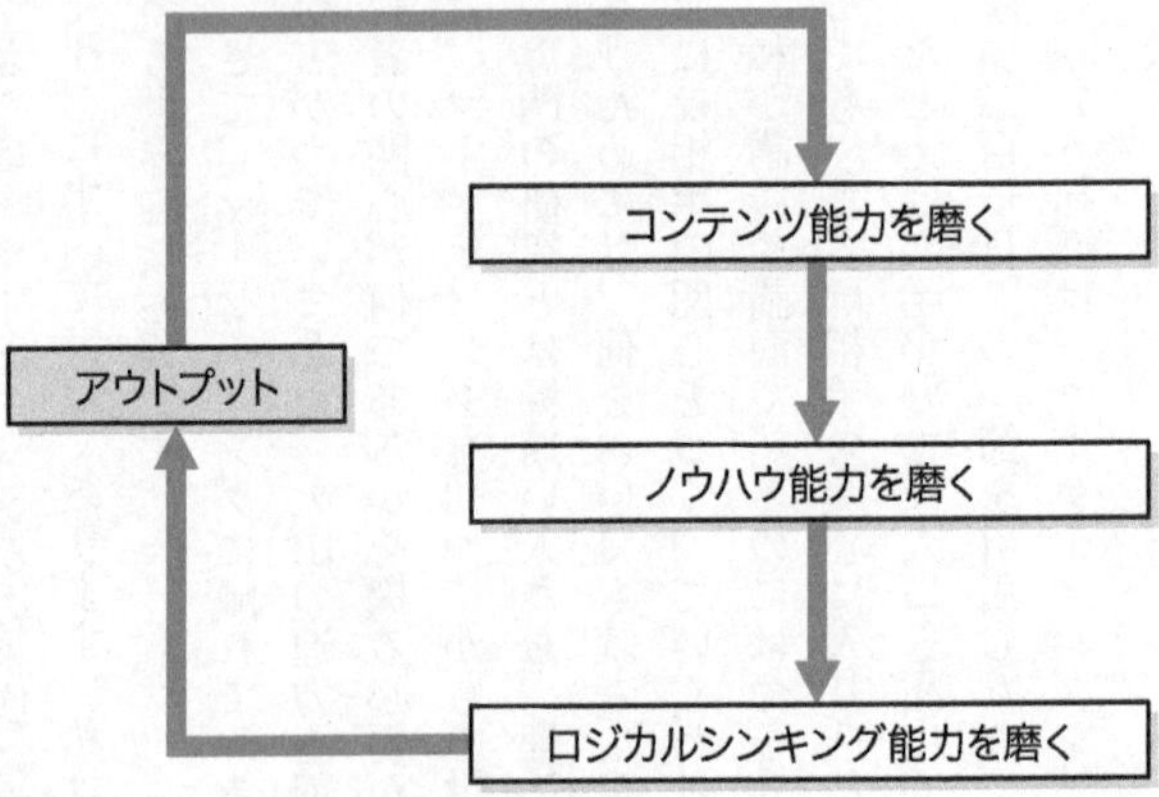

図7-1　3つの能力がアウトプットにつながる

コンテンツ、ノウハウ、ロジカルシンキング

次に、仕事力をアップさせるために私が重視していることを紹介します。それは次の3つの能力を磨くことです。「コンテンツ能力」「ノウハウ能力」「ロジカルシンキング能力」です。これらを身につけることが、大きなアウトプットにつながります（図7－1）。

「コンテンツ能力」とは、知識の中身（コンテンツ）を身につける力です。この能力が、最終的にアウトプットする際の前提となります。

たとえば、仕事でレトルト食品の商品開発をするとします。その場合、商品に関わる歴史を含めた膨大な知識を習得しておく必要があります。「レトルト食品とは何か」に始まり、過去のヒット商品や成分、マーケット動向や流通構造にいたるまで、考えられる限りの知識を掘り下げておかないといけません。

「ノウハウ能力」とは、具体的な仕事のやり方についてのテクニックやハウツーに関する力です。発想力に長け、膨大な知識を持っていても、時間内に仕事を進められなかったり、チームを円滑にまとめる力がなかったりしたら、仕事として成功しません。

先ほどのレトルト食品の例でいえば、広報部に宣伝の協力者を増やすよう依頼したり、営業部と価格設定を協議したりする各種アレンジが、こうしたノウハウ能力にあたるでしょう。もっと言うと、「プレゼン資料をビジュアルで効果的に見せる能力」などの、細部のテクニックをも指します。

「ロジカルシンキング能力」とは、文字通り、論理立てを支える力です。先の例で、仮に広報部と営業部に企画会議へ参加してもらうことができたとしても、彼らに「なるほど」と思ってもらえなければ、新商品は成立しません。

広報部が「確かにそうだ、この商品を宣伝したい」と思い、営業部が「この商品を売りたい」と思えるよう、データを論理立てていく作業が必要です。

ただしこの能力は、コンテンツ能力とノウハウ能力よりも高度です。具体的に勉強を進めていくなかで、物事を論理的に見る思考を重ねることによって身についてくる能力だと思ってください。

これら3つの能力を磨くことを意識することで、仕事力はおのずと高くなるはずです。3つの能力のうち1つだけを磨いても、人を動かすことはできません。3つをバランスよく身につけることが大切です。

「好きなこと」を追求しすぎてはいけない

勉強を進めていくうえで、最終的に目指すべきは「スペシャリスト」になることです。そのことにより、他人に真似のできない武器を手に入れることができるからです。

ここで注意してほしいのは、武器というのは「好きなこと」とは少し違う、ということです。得意なことで、かつ、人より優れていることが、武器になり得ます。

世の中には、好きなことや個性的なことを目指すべきだ、といった考えが広まっているように感じます。私はこの考えに疑問を持っています。なぜならその思い込みが、結果的に仕事に適応できない若者を生んでいると思えてならないからです。好きなことに執着するあまり、みずから選択肢を狭めている部分もあるのではないでしょうか。

私の経験からすると、素直に世の中の要望に応《こた》えていくほうが、しばしばうまくいきます。周囲の人たちに喜んでもらうことができれば、たいていの場合は成功です。成果に対する評価が高いことを意味するからです。これが「人より優れていること」の内実です。

そして、地道な勉強を積み重ねて周囲から評価を得る過程で、次第に自分がやっていることが好きになっていくケースはいくらでもあります。まずはこういう進み方をイメージしてほしいのです。

つまり、好きなことに邁進《まいしん》する前に、自分の得意分野と不得意分野を冷静に判断しましょう。本当の才能は、自分が考えもしなかった分野で開花することだってあります。「でも、それはむずかしいのでは？　そもそも得意不得意がどうやってわかるの？」と思う人も少なくないので、判断するヒントになる考え方を次に述べましょう。

「好きなことより、できること」

京大でも学生や院生の進路指導では普通、「好きなことを見つけて、その方向に行きなさい」と言います。しかし、私は「好きなことより、できることを見つけよ」と指導してきました。

私は筑波《つくば》大学附属駒場《こまば》高校に通っているとき、文科系の科目が大好きでした。しかし、試験になると暗記するのが苦手で、模擬試験でも世界史や日本史の成績は惨憺《さんたん》たるものでした。歴史や地理よりも、ある公式が分かれば解けるという物理や化学が得意でした。そこで大学受験では好きな文科系よりも、得意な理科系を選んだのです。

最初は東京大学理科一類を目指していたのですが、受験直前になっても偏差値が上がらないので、さっさと理科二類に変えました。理科二類は生物系で、生物は全く知りませんでしたが、とにかく東大に入ろうと思ったのです。つまり、最低限の条件だけを満たして、とりあえず前に進もうという考え方です。

これを私は「不完全法」と呼んでいます。日本人は完璧主義になりがちですが、進路指導では完璧主義をやめて、大学でも会社でもとりあえず入れてくれるところにもぐり込む考え方でいいと思います。

多くの人が経験しているように、入ってみればどうにかなるものです。大学で言うと途中で学科や専攻を変えてもいい。今は学部が文系でも、大学院で理系に進む学生も多くいます。専門はいくらでも選び直せるし、もっと言えば、人生そのものが、いくらでも選び直せるものなのです。

したがって、最初に決めた目標にこだわる必要はありません。よって、私はいつも「人生は偶然に満ちている、その偶然を楽しめるかどうかがポイントだ」と学生に言っています。これは地球科学的な発想ともいえるかもしれません。

人生で出くわす「偶然」を楽しむ

人類のルーツは38億年前にあります。地球は46億年前に誕生しましたが、38億年前にはすでに生命が誕生していました。この38億年の間、とてつもない天変地異がありましたが、生命は死に絶えていません。古生代の終わりに突然火山が噴火して、生物の95％が死滅して中生代になりました。

さらに中生代の終わりに隕石《いんせき》が降ってきて、恐竜が絶滅して新生代になりました。そのような事件が5回も起き、その度に生命が絶滅したのですが、生き残った少数が何もいなくなった世界で天下を取ってきました（拙著『地球の歴史　上中下』中公新書を参照）。つまり、地球の生命は偶然が左右するなかで、皆しぶとく生き延びてきたのです。

ですから、我々がここに存在することは、取りも直さず偶然のおかげなのです。すると、人生も偶然を楽しむことができるかどうかが一番大事だといえるのではないでしょうか。出会った先生や、受講した授業が面白いと感じたら、迷わずそちらに進んだほうがいいと思うのです。

実は、私が火山学者になれたのも偶然なのです。私自身は、大学時代は火山の「か」の字も知りませんでした。しかし、とりあえず就職しようと通産省に入り、研究所に配属され、出張で九州の阿蘇山に登ったときに火山の虜《とりこ》になり、火山学者になりました。私を連れていってくれた方（小野晃司《おのこうじ》さんと言います）が、すばらしい教育者だったのです。

優れた先達に出会うことで新しい道が開けることがあるのだ、と実感した出来事でした。いつでもどこでも、本物に出会い、優れた先生に出会うと人生が変わるのです。後に小野さんは私の火山学の師匠になったのですが、その顚末《てんまつ》は拙著『火山はすごい』（ＰＨＰ文庫）に書いてあります。

さて、そうすると、何歳だろうと勉強が面白くなります。私の場合は、たまたまそれが就職二年目に起きました。ですから、もしあなたが今高校生で、面白い科目に出会わないからといって、それほど心配する必要はありません。大学で出会うかもしれないし、社会で出会うかもしれません。

そのポイントは、偶然を必ずプラスに捉えることです。つまり、自分が人生で出会うことにはすべて意味がある、と考えてみてください。そうすると、人生はいっぺんに楽しくなります。

ここで、勉強に関して伝えたいメッセージがあります。いつも京大生にも言ってきたことですが、「ノーブレス・オブリージュ」という言葉があります。これはフランス語で、「地位ある者には責任が伴う」という意味です。

昔、ヨーロッパの貴族は、普段は遊んでいても、いざ戦争が起きると、領民を守る義務を果敢に果たしました。

京大生は良い教育を受けているので、社会に出てから人々に還元する義務があります。実は、京大生に限らずすべての大学生と社会人にも同じことが言えます。

最近、『１００年無敵の勉強法』（ちくまQブックス）という高校生向けの本を書いたので、ちょっとその文脈で語ってみたいと思います。この世で命を授かり、無事に高校に通っているだけで、本当はノーブル（高貴）な存在と言えるからです。

これはもっと大きな話に繋がります。38億年の生命を受け継ぎ、生きているだけで、本当はノーブルなのです。そもそも高校生が何のために勉強するかというと、いずれ社会に出て還元するためです。それがノーブレス・オブリージュの本来の意味だと私は思います。そして実は、社会に還元すること自体が、もっとも楽しいことなのです。このことを高校生にはぜひ伝えたいと思います。

スキマにこそ醍醐味が

何が得意分野であるのかを判断したら、次に、そのなかで一生の武器になるものを厳選してみてください。将来の自分に投資するとして、その効果が最大になるような分野のことです。

投資というのは、具体的には何でもかまいません。すぐに思い浮かぶのは、手持ちのお金とか、自分の自由時間でしょう。そこからさらに広げて、自分の持つ全エネルギー、人生そのものをどこに投資するかというスケールでも考えてみてください。

その際に自分への投資は、「下手な鉄砲も数撃ちゃ当たる」的な発想でおこなってはいけません。しっかり自分を見つめ、何にどのくらい投資するのかを厳しく評価します。

一般的にいえるのは、多数の人が参入していない分野には投資価値がある、ということです。スキマを見つけましょう。

例として私自身の話を紹介しましょう。私は大学を卒業後、通産省に入省し、地質調査所という機関に所属する研究者として、研究論文を書いていました。火山研究に興味を抱いたのは、そのころです。

科学の世界の論文は、基本的に英語で執筆します。地球科学を専門とする私も英語で論文を書いていました。研究者は普通、まず学会誌に掲載する目的で論文を書きますが、最終的には「Nature」や「Science」といった一流科学誌に掲載されることを目指します。

私自身もたくさん執筆しました。国際学会で「鎌田浩毅はパイロクラスティックフロー（火砕流の意）では誰にも負けない」と言われるようになりたい、トップクラスを目指したい、と思っていました。世界の火山科学者500名に向けて論文を書き、学問と研究を押し上げる活動をしていたのです。

そんな私が１９９７年、京都大学に着任したのは、41歳の時です。来てみると周りには、物理、数学、化学、生物の理科系の先生だけでなく、哲学や文学の先生もいました。

というのは、私の所属する総合人間学部は前身が教養部だったからです。そのため理系と文系の教授陣が揃っていて、和気あいあいとした雰囲気のなか、多様なテーマでさまざまな話題に触れることができました。そこで興味深かったのは、物理や化学の先生がたのなかには「この研究はノーベル賞に値するかもしれない」と、本気でノーベル賞を狙っておられた方がいたことです。

実際、２００８年には小林誠《こばやしまこと》・益川敏英《ますかわとしひで》両教授がノーベル物理学賞を受賞されました。数学にはフィールズ賞という、数学界におけるノーベル賞がありますが、私が京大に来る前の１９９０年には森重文《もりしげふみ》先生が受賞されています。

物理学者、化学者、生命科学者の方たちが、このように本気でノーベル賞を狙う姿に間近で接したとき、我が身を振り返りました。当時考えたのは、地球科学の分野にはノーベル賞がないな、ということです。

高名な地球物理学者である竹内均《たけうちひとし》先生はラグランジュ賞という地球物理学におけるノーベル賞を受賞されていますが、火山一筋に研究してきた私には、それに当たる賞がありません。

それならば、と目を付けたのが、まさにスキマです。世界的な賞を目指すのではなく、違うことに集中しよう、と考えたのです。多くの学者がそちら側に向かうなら、自分はこちら側で違うことをしよう、と。

半分冗談のように聞こえるかもしれませんが、私は本気でしたし、それは今も変わっていません。名付けて「隙間法《すきま》」です。いまはビジネス界でもニッチ（隙間）ビジネスとか隙間産業などという言葉もあるようです。

京都大学の教育法

じつは「隙間法」は、京都大学のお家芸でもあります。京大出身者は、歴史を振り返っても多数派の人たちと同じことをしたがりません。とくに東京大学出身者と同じことは、まずやりません。

私は東大出身者ですが、東大では落ちこぼれでした。社会に出たときに、恥ずかしいことがあってはいけないからと、学生が100人いたら100人全員に厳格な教育を施すのが東京大学です。

一方、京都大学の教育はまったく異なります。驚いたことに、100人の学生のなかに面白い学生が1人いればそれでいい、という考え方をします。

残りの99人には「単位はあげるから卒業後は自分で頑張って」と言って、いわば放置状態にします。しかし1人の面白い学生は、自身が志望する研究をする教授の背中を見てどんどん育っていきます。

たとえば、黒板一面に一気に大量の数式を書く、数学科の教授がいたとします。それらの式があまりにも難しいため、ついていけない学生は、次第にその講義に出なくなります。ところが100人の学生のうち1人ぐらいは、その式をすごく面白がって、「先生、その記号が違っています」などと指摘します。すると教授も「そうか、そうだな」と答え、学生とのあいだにやりとりが生まれます。

教授のミスを指摘できるほどの学生がいて、そのような逸材が研究者として独り立ちしていきます。こうした教育方針によって、ノーベル賞やフィールズ賞受賞者を育《はぐく》んできたのでしょう。まさに「隙間法」を重視した教育法ではないでしょうか。

実際、京都大学には人と同じことをやるのが嫌いな学生がたくさんいて、教授が「この研究をしなさい」と言っても、異なる卒論を書こうとします。こういう姿勢は、戦略としてももちろんOKです。

そのような学生の存在は、実は教授にとっても必要です。自分を超える学生がいないと、研究者としての能力も向上しないからです。先に述べた数学科の授業ではありませんが、教授の間違いを指摘するような、自分を超える存在がいなければ、学問を縮小再生産することにつながります。

私がかつてさまざまな場所で見て来たことを思い切って話しますが、ある教授が教え子を助教、准教授にするとき、自分より少し能力が落ちた弟子を選ぶことが多い、というのは事実です。なぜなら、自分が追い越される心配がなく、学界で己の天下を長く続けられるからです。

しかしそんなことをしていては、その学問・研究が深まりません。教授を追い越す弟子を持つことで初めて、激動する学問の世界で新しい芽が育ちます。


では学生はどう育つのでしょうか。

これは学生に講義してきたことですが、「10年、5年、5年」法という勉強の戦略があります（拙著『成功術　時間の戦略』文春新書にて詳しく説明しました）。

10年経って、NobodyからSomebodyになる——これはノーベル医学生理学賞を受賞した利根川進《とねがわすすむ》先生の言葉ですが、Nobody、つまり誰でもない、どこの馬の骨かわからない状況から、Somebody、つまり何者かになる、それには10年かかるということを伝えているのだと思います。

学生なら20歳ほどで自分の専門が決まります。教養課程を終えて、専門課程で研究室に所属するのがこの年齢でしょう。そのあとは大学院に進学して、修士課程、博士課程と進みます。30歳ぐらいでドクター、例えば文学博士号とか、人間・環境学博士号を取得するのが一般的でしょう。このようにして少しずつ一人前になっていきます。

そのときには、非常に小さな分野ではあっても、教授を追い越しているでしょう。つまり、ドクターをとることで研究者として一人前になり、いずれ何十年かかけて指導教授もかなわないような研究者になります。

逆に、教授を追い越すような学者になってもらわなければ困ります。教え子が自分より小物だったら、その分野はどんどん衰退して、いずれ消滅するでしょう。そのような研究者のタマゴとして誕生したということが、博士号を取得する意味なのです。

私自身のことを例にとれば、大学着任前の1990～94年に長崎県で雲仙普賢岳が噴火し、95年には阪神・淡路大震災が発生し、大きな社会問題となりました。加えて地球温暖化の問題にも徐々に注目が集まるようになっていましたが、日本にはそういう科学的事象を一般の人々にわかりやすく伝える人がほとんどいないことに気づきました。

講演会や著書、テレビ、ラジオ等で、地球科学分野の問題の本質について平易な言葉で伝える仕事を、他の研究者はなかなかやりたがりません。そもそも、一般の人にきちんと伝えるのは、そう易しいことではありません。

またそんなことをするより、自分の研究をしている方がずっと楽しいと考える学者もたくさんいます。ここには根深い理由もあるので、少し述べておきましょう。

難しい本は書いた人が悪い

私が大学に着任したころ、「地震や火山のことを勉強したいのだが、本を読んでも難しくて何が何だかわからない」という声をしばしば聞きました。これは決して過去のことではなく現代の読者もまた感じていて、かつこうした経験は誰にもあるようです。

そのときあなたはどう感じますか？「私の能力が追い付かなくて理解できない」と途方に暮れてしまうかもしれません。いえいえ、そんなことはありません。私はそれに対して特効薬を持っています。「難しい本は書いた人が悪い」と考えるのです。これは、大学の「地球科学入門」の講義で毎年語ってきたことでもあります。

一見乱暴なように聞こえるかもしれませんが、難しいと思った本の9割は、著者の書き方が悪いと思えばよいのです。声を大にして伝えたい私流の見方です。

本を読んでいてわからないことに出会ったとき、自分の頭が悪いからだと考える人は多いものです。教え子にも、そう考えて悩む京大生が少なからずいました。ところが、たいていの場合にその必要はありません。

まず、著者の説明の仕方が悪いのではないかと疑ってみます。事実、著者が不親切であるか、もしくは能力が至らないために説明が不十分なのであり、自分の頭が悪いわけではないことは多々あります。思い切った言い方を許してもらえれば、頭が悪いのは著者であり、自分ではないと考えて一向に差し支えないのです。

百歩譲《ゆず》って、すぐれた内容が書かれた本でも、書き方が悪く、初心者に対する表現力が不足していることもあります。これでは、いくら一所懸命に読んでも頭に入ってきません。

このことは読書に限りません。一般に書籍は専門家や学者が執筆することが多いのですが、多くの学者は自分の専門内容には強い関心と自負を持っています。この自負が慢心につながっている気もします。そして、その一方で、どう伝えるかにはあまり関心がないものなのです。

また大学教授くらいになると、「先生の話はおもしろくない」と面と向かって言われる機会はまずないでしょう。学生は単位を取らなければならないから、たとえ講義がつまらなくても彼らはやむをえず聴講します。

ひるがえって市民講演会の講師であれば、話が下手だと二度と依頼が来なくなるので、そのうち本人にもわかってきます。

つまり、教授は聴き手（学生）のことを考えないで、ひどく下手な講義でも延々と続けることができてしまうのです。もし運が良ければ（学生には大迷惑ですが）、定年退職まで気づくことはありません。

こうした学者は、残念ながら本を書くときにも同じ態度で、読み手のことを考えずに自分の関心のままに文章を綴《つづ》ります。これでは読者がわかりにくいと思うのも当然でしょう。

驚くべきことに、多くの大学教授たちは、一般市民にわかりやすく書くことは恥だとさえ考えています。難しいことが高級だと勘違いしているのです。そもそも「お金を払って本を読んでいただく」という謙虚さに欠けており、わからない文章が素晴らしいとさえ思っています。

実際に私が京都大学で経験した話ですが、「素人にわかる文章を書くなんて恥ずかしい」と宣《のたま》った同僚がいました。まさに「何をか言わんや」です。

したがって、読んでも意味の通じない文章は、「書いた人が悪い」と考えて差し支えないのです。読者のみなさんは、読むに値しない文章からいち早く離れるのが一番重要です。

そもそも読書は我慢大会ではありません。世の中には、根くらべのために書かれたとしか思えないような、難しい本があります。そのような価値のない本は直ちに読むのをやめ、放り出しましょう。

逆に、もっとわかりやすく書かれた本は必ず見つかります。だから自分に合うわかりやすい本に出会うまで、本はどんどん取り替えてよいのです。こうして初めて、読書の時間が「活きた時間」になります。

もし本をどんどん取り替える財力に不安があれば、図書館を活用していい本を見つける、先輩や友人や先生から借りる、などの代替案があります。

私の知人は学生時代、お金がなくてブックオフで買うのが精一杯でした。大学の授業で先生の本を買わされましたが、値段は高いし、書いてあることはさっぱり理解できない。さらに講義は眠くなるしで、その科目の勉強そのものがつまらなくなっていくのを初めて体験したそうです。

こういう大学教授に学生の現状をきちんと理解してもらわないと、日本から学問が消えてゆく恐れがあります。

オンリーワンはナンバーワン

さて、どんな学問でも、一般市民に向けて研究の内容を伝えることは大事な活動です。物理学でも生物学でも医学でも政治学でも、学者のうち５％はそのような伝える仕事をする存在であることが必要だと考えています。

この5％という数字は、どこかで決められたものではなく、私が何となく感じて講義や講演会で語ってきました。それを同業の学者たちに話してみると、そのくらいの数字でいい、と異口同音に言われたので、適当なパーセンテージだと考えています。

「そうだ、伝える仕事をしよう、一人でもいいからやろう」

もしアウトリーチに成功すれば、10～100人どころか1000万人、さらには日本国民約1億3000万人が救われる可能性があります。そう気づいたことが、現在につながっています。

もし専門の研究分野でナンバーワンになることができたとしても、その座を維持するのは並大抵のことではありません。

iPS細胞を例に挙げましょう。この細胞は、山中伸弥《やまなかしんや》博士が発見しノーベル医学生理学賞を受賞したわけですが、その後、さまざまな研究者や企業が研究に参入しています。世界中から数十万人という規模です。もしあなたが参入したとして、研究は容易に進むでしょうか。手強《てごわ》いライバルが多く、次の論文を書くことは大変な作業になるでしょう。

そういうときに登場するのが「隙間法」です。誰もしていないスキマを見つけ、その分野でナンバーワンになるのです。1人しかやっていなければ、定義上「ナンバーワン」です。そこでオンリーワンを目指す、というのが私の戦略でした。ちなみに、220ページで述べた「10年、5年、5年」法では、10年たってSomebodyになった後で、5年でナンバーワンになり、残りの5年でオンリーワンになるプロセスを提案しています。

科学の伝道師が本分に

気づいてみれば、地球科学の事象を一般の人たちに伝える仕事をするのが、結果的に私だけになっていました。それはすなわちオンリーワンになったことをも意味します。そういう仕事を続けるなかで、「3・11」東日本大震災が起き、私は現実を突きつけられました。

南海トラフ巨大地震や富士山噴火、首都直下地震が現実に発生するときには、何が起こるのか、日本はどうなるのか、と。4400万人が暮らす首都圏にも大きな被害が及ぶことを伝えなくてはならない、と思ったのです。

「研究者500人のために英語論文を書いている場合ではない」と決意を強くして、「科学の伝道師」が自分の本分になりました。メディアなどに出演させてもらうことで、こうした話題が扱われる機会が増えます。

人々に防災に対して敏感になってほしい、そのように意識変革をしてほしい、という希望も持っていました。好きなこと（私の場合は火山学）だけを追求していたら、現在の私はなかったでしょう。

2007年6月に初めて「世界一受けたい授業」というテレビ番組に出演したときは、16・8%という視聴率を得ることができました。視聴率1%につき100万人が見ているといいますから、単純計算で1680万人が見ていたことになります。

その番組では、スタジオにいた芸人さんが、そもそも富士山が活火山であること、噴火する山であることを知りませんでした。「えーっ!」と心底驚くリアクションを見ながら、事実を伝えられたことをとてもうれしく感じました。研究を続けて来たことには意味がある、とも思えました。

無理だと思ったテーマは捨てていい

話がだいぶそれてしまいました。

私たちが考えていたのは、自分の武器を得るために何を勉強するか、でした。そのためにはスキマを探すのがいい、とお伝えしてきました。

このスキマですが、空白がすでに存在するということではありません。重要なのは、「今は見えていないけれど、将来的に人が欲するだろう」というスキマです。そのスキマを探して勉強に取り組んでみてください。

そのために世の中の人たちが何を感じ、何を考えているのかという流れを知ることは大事です。ここで出てくるのが、「捨てる」という発想です。

たとえば学生の場合は、英語が嫌いでも必修である限りその授業を勝手にサボることはできませんが、一方で社会人においては、「無理だ」と思ったら捨てる姿勢が必要です。

無理か無理ではないかは、自分の置かれた状態をよく考えて判断します。いまの職場の環境、自由になる時間とお金、サポートしてくれる友人がいるかどうかなど、様々な要素を抜き出して総合判断してください。

自分の時間をどれくらい投入できるかが最も重要な鍵《かぎ》になります。貴重な時間を無駄にしないための計画をまず練ります。意味のないことに時間を費やすことほど人生の無駄はないからです。大人にとって時間がきわめて大切なのはいわずもがなでしょう。

株式投資の世界には、「損切り」という言葉があります。損の出ている証券を売り、損失を最小限にすることとです。損失を拡大させないためには、あるラインで見切りをつけることも必要です。ここで言うあるラインとは、今は損失が出るように見えるが、長期的には切っておいて良かったと思えるような閾値《いきち》です。

たとえば、ドイツ語の勉強を始めてみたが、将来的にそれで仕事をする機会はほとんどないと気づけば、勉強をあっさり止めてしまう判断もアリでしょう。

その見極めには、自分がどういった仕事をしたいのか、どのような人生を送りたいのかといったビジョン（展望）が必要です。そのビジョンをもとに、時間の戦略と戦術を考えていくのです。くわしくは拙著『成功術　時間の戦略』（文春新書）を参考にしていただけましたら幸いです。

少し回り道をしましたが、ポイントはあくまで「武器を身につける意識を持つ」ことと、「武器は好きなこととは限らない」ということです。武器を常に磨くことが、自分のレベルアップ、周囲・社会からの高評価につながるのですから、無理と感じる勉強にまで時間を割かなくてもよいでしょう。

時間を4つに分ける

年齢を重ねるにつれ、時間の流れはどんどんスピードアップするように感じ、1か月や半年などあっという間に過ぎてしまいます。人生の時間に限りがある以上、勉強の達成度も時間の使い方に大きく左右されます。

大切なのは、いま生きている時間を自分のものにしているかどうかです。どんなに多忙で残業の多い日でも、使い方次第では自分の手中に時間を収めることができます。ふだん自分がどのように時間を使っているかを見直してみましょう。

私が提案する時間の区分けは、次の通りです。まずは、自分の時間をA「自由裁量できる

	緊急度が高い	緊急度が低い
重要度が高い	優先的に時間を配分する	いつやるかの予定を前もって決めておく
重要度が低い	空き時間を見つけて手早く処理する	緊急度が高まるまで保留しておく

図7-2　4つの事象で時間を分類してみよう

時間」とB「他人に従っている時間」に区別します。

Bは、定例会議やミスによるクレーム対応の時間など、受動的に過ごすしかない時間です。時間の使い方の戦略としては、できるだけBを減らし、Aを増やすことが肝要です。

さらに、ここで頭を使いましょう。やらなくても済む仕事は「やめる」ことから始めるのです。自分がやったほうが早いと思うからか、すべて自分でしようとする人がいます。しかし仕事を抱え込んだ分だけ、余裕がなくなり、ミスの可能性も高まります。同僚や部下、後輩に一任できる仕事は、思い切って任せてみてはいかがでしょうか。

緊急度の高低を横軸、重要度の高低を縦軸とし、時間を4つに分類する表を作成してみましよう（図7－2）。

ここで、分類された時間に優劣をつけていきます。そして「緊急度が高く、重要度も高い」内容を対象に、時間を優先的に配分します。反対に、「緊急度が低く、重要度も低い」対象にかける時間を、意識してなくしていってください。

このように、取り組むべき仕事の価値を整理したうえでスピードアップを図ると、行動も劇的に変わっていきます。学生ならだらだらとスマホ画面を眺める時間をなくし、ビジネスパーソンなら、残業を減らしてみましょう。就業時間中に集中して仕事をするようになるでしょう。残業すればいい、と思っていると、目前の仕事ばかり増えて、次第に勉強する余裕を失ってしまいます。

枠を作ると集中力がアップする

第一線で活躍する経営者の多くは、すべての仕事に締め切りを設けることの効果を説きます。締め切りが仕事の成果につながるという信念のもとで、会社の残業を禁止して業績をアップさせた経営者がいます。これによって、社員は終業時間までに何としても仕事を終わらせざるを得なくなり、実際に仕事の効率がアップしたそうです。

時間の枠は、人間の行動を変えます。私はそのことを、テレビやラジオの番組収録で学びました。放送業界では、決まった放送時間という枠のなかで情報を伝える必要があります。ディレクターやアナウンサーは、分単位あるいは秒単位で時間を仕切る能力が試されています。

以前ラジオ番組の「全国こども電話相談室」で、締めくくりにコメントするというチャンスをいただいたことがありました。「25秒で、先生から子どもたちへのメッセージをお願いします」というのです。講義で話すことには慣れていましたが、秒単位で話をまとめる経験は初めてでした。勘を頼りに挑戦しましたが、30秒以上かかってしまいました。

そこで私は「すみません、もう1回やらせてください」とスタッフにお願いしました。「短く的確に」を意識してコメントをまとめ直したところ、なんとジャスト25秒で話し終えることができました。思いがけない達成感があり、「練習さえすれば25秒でまとめることができるんだ」と実感しました。

これはどのような仕事でも応用できるスキルではないでしょうか。一度タイマーを使って、1時間で、あるいは30分でこの仕事を終わらせる、と決めて取り組んでみてください。とたんに集中力が増し、効果が表れるはずです。最近ではタイムプレッシャー法とも呼ばれているようです。

時間管理の点では、学生たちにいつも注意を促していることがあります。それはインターネットに使う時間についてです。ネット検索は、あらゆる作業のなかでも時間を費やしてしまう魔物です。便利な反面、漫然と検索を続けていると、気づいた時にはけっこうな時間が過ぎてしまっています。思い当たる人も多いでしょう。

したがってネット検索についても、あらかじめたとえば「この項目は15分以内で調べる」と決めてから始めるのです。皆さんもお分かりかと思いますが、15分検索して見つからないものは、ほとんどの場合、1時間検索しても見つからないものです。

このような工夫を重ねて、限られた時間を何とか「自分のもの」として使ってください。時間の枠を意識することがコツです。

集中と対にして大切にしたいのが休息です。リラックスする時間です。どんなに優秀な人でも、緊張状態を24時間保つことはできません。集中力を高めるためにこそ、リラックスした時間が必要になります。

私は昼食後にしばしば仮眠をとります。食後1時間ほどは頭の回転が鈍ると感じるからです。これには、私のフィールドワーク経験が影響しています。火山のフィールドワークでは、朝8時ぐらいから日暮れまで歩き続けるのが普通です。そんなとき、昼食をとった後に20〜30分地面の上で横になって休むと、頭と体の疲れをぐんと回復させられたのでした。

学生でもビジネスパーソンでも、昼食後に机の上でうつ伏せになって少し休むだけで、疲れが取れスッキリするはずです。

天気が良ければ、外に出てウォーキングするのもいいでしょう。30分も歩けば運動になるだけでなく、気分転換にもなります。日光を浴び、外気に触れ、季節を感じることで気分が一新し、午後の集中力がアップするでしょう。

気分転換のための行動としてもう1つお勧めしたいのは、書店をのぞくことです。職場や学校の近くに書店があるなら、スキマ時間にのぞいてみてください。書棚を定点観測していると、売れ筋の傾向がわかりますし、雑誌の見出しから旬のテーマを把握することもできます。さらに気分のリフレッシュにもつながるのです。

これ以外にもいろいろな方法があると思います。ぜひ自分自身に合う方法を見つけてみてください。緊張する時間と弛緩《しかん》する時間の両者を使い分けることが大切なのだと意識してください。

教養を深める「入口」はどこにでもある

仕事のために必要な勉強と教養を深める作業は、不可分に結びついている、と先に述べました。この教養を深める作業はリラックスした時間、つまり「オフ」のときに始まることが多い、という特徴があります。

図7-3　ロンドンのロイヤルオペラハウスの風景（撮影　著者）

　私の場合、旅先のニューヨークでオペラを観たことがきっかけになり、関心を持つようになりました。関連知識はほぼゼロでしたが、『ルチア』（ドニゼッティ作曲、1835年初演）という作品に魅せられ、心を奪われたのです（図7－3）。

　オペラは音楽とストーリーによって成立している芸術ですが、「あらすじ」をあらかじめ知っておけば、うんと理解しやすくなります。劇場の字幕を読めば歌詞の内容はわかりますが、そうすると舞台への集中力が途切れて、十分に作品を味わえなくなります。そこで、事前にインターネットやガイドブックで、これから観るオペラの内容を大摑《おおづか》みしておくと、面白さは格段に増します。

　そうやってオペラの勉強を掘り下げていくと、ヨーロッパの社会背景や歴史的背景から、音楽史にまつわる出来事までの知識が獲得できます。オペラを起点に、まさに奥深い「教養」の勉強が始まるわけです。

ほかにも私は「登山の医学」を、教養として勉強しています。仕事柄、山に登る機会が多くあるので、体力はある方だと思いますが、富士山登山の際などはさすがにきつく感じます。そのような経験から、登山時の水分補給のタイミングや筋肉の使い方、呼吸方法といった医学的なことについて、自分なりに調べ始めました。

登山の医学は、日常生活のなかで、どうやって自分のコンディションを調整するかという問題に直結しています。登山家は、普段からみずからのコンディションづくりに細心の注意を払います。

暴飲暴食を控えるのはもちろん、足腰を弱らせないためにエレベーターは使わず階段を使うなど、工夫を怠りません。私も登山の医学を学ぶなかで、日常生活におけるコンディションづくりを意識するようになりました。

さらには火山に関係した勉強として、各地の温泉めぐりも楽しみの1つにしています。ただ温泉に入るだけでなく、泉質や温泉地の歴史にまで視野を広げると、教養の幅が一気に広がります。その地に投宿した文豪が書いた作品を読んだり、文学碑を訪ねたりすると、それまでとは違った視点で作家や作品を眺めることができます。

このように教養の世界には、さまざまな「入口」が開かれています。1つの興味をきっかけにそのテーマを掘り下げていくことで、どのような分野であれ専門家として誇るに足るレベルにまで到達することができます。

読書はもっとも効率のいい勉強の手段

「何もないところからアウトプットはできない」というのは自明でしょう。それに加えていえば、アウトプットの質と量は、自分がこれまでにおこなったインプットの質と量によって決まります。インプットの基本はやはり「文章を読む力」でしょう。

書籍は、著者が知性の結晶を書き残したものです。昔も今も読書はもっとも効率のいい勉強の手段だと私は考えています。どんな目標でも、成果を得るために避けて通れないのが読書だといっても過言ではありません。

若いころから読書の習慣を身につけておけば、年齢が上がっても、多様で価値ある情報を手に入れやすくなります。幅広いジャンルの本を読むことで、教養の間口も間違いなく広がります。

私の場合、書店で自分が買う本のコーナーはだいたい決まっているのですが、あえて興味のなかったジャンルの本も見るようにしています。読書に対する世界観が広がるからです。

最近の学生に接していると、自分が興味のある分野の本にしか手を出さない傾向を感じます。それだけが理由とは思いませんが、私が大学で教え始めた24年前と比べても、学生たちの読書力は衰えてきているといわざるを得ません。少し会話をするだけで、非常に知識が偏っていることに気づき、不安を覚えるときさえあります。読書によって自分をどう構築しアピールするかという戦略に、あまりに無頓着《むとんちゃく》ではないでしょうか。

「読む」という作業は、ひとり読書にとどまらず、他者の気持ちを「読む」、周囲の気配を「読む」、将来のなりゆきを「読む」などにも通じています。目に見えないものをどれだけイメージできますか。

今あるものの再生産だけでは社会はシュリンク（萎縮）していきます。ＧＡＦＡを例に出すまでもなく、今ないものを作り出してこそ、新しい波を起こせるのです。読書力の減退は、その訓練の場がなくなっていることを意味します。活字離れという現象を超えた、もっと大きな問題だとも考えられます。

本はそのほとんどがすぐに役に立つものではありません。しかし、目先の仕事や試験のみならず、人生でチャンスをつかむための触媒です。触媒をたくさん持つことで、何かのきっかけがめぐってきたときに、いち早く対応できるのです。

読書は教養を深める作業にも直結しています。その作業が実は仕事の内実をも豊かにし、新たな視点を提供してくれます。「教養を深めたって仕事には役立たない」と決めつけないでください。

そもそも、「役に立つ」とはどういうことを指すのでしょうか。教養を深めることで豊富な話題と多様な引出しを持つことができれば、どれだけ人間関係が厚みと広がりを増すかしれません。教養を備え人間的魅力を大きくすることが、巡り巡って、上司や同僚からの評価を得るだけでなく、気づかなかった自分の能力を引き出すことにもつながるでしょう。

もう一度自分の生活と仕事を振り返り、いずれ社会に貢献する際に必要となる思考、知識、教養を身につける戦略を見直していただきたいと思います。

第八章

地球46億年の命をつなぐ

火山学の講義風景を「情熱大陸」のテレビクルーが取材に来た

「長尺の目」で見る、ということ

地球が誕生したのは46億年前のことです。この時間が流れるあいだに、地球は数えきれない変動を繰り返してきました。

誕生から1億年ほどが経った45億年ぐらい前には、火星サイズの隕石が地球に衝突しました。その衝撃によって、隕石の欠片《かけら》がたくさん飛び散り、その欠片が集まって誕生したのが、月です。ですから月が地球の周囲をまわり始めたのは、45億年前になります。

のちに生命が安定して生活できるようになったのは、月のおかげです。地球はもともと自転のスピードが速く、かつては1年が1500〜1600日もありました。公転は変化しませんが自転は少しずつ遅くなっていくのです。

つまり、地球の初期には今よりもかなりせわしなく自転していたので、1日は4〜6時間で過ぎていきました。それが、月が地球の衛星となったことで、互いの引力が作用して自転のスピードが落ち、1日の時間は現在のように24時間となったのです。

4〜6時間で1日が終わる世界というのは、大気の移動が速く、年が年中、大嵐が襲っているような状態です。大型台風と津波がしょっちゅうやってくるので、単細胞である原始生物がゆっくりと進化することなどできませんでした。

仮にその時点で生物が誕生していたとしても、陸地に上がることはできず、骨格を持つこともできなかったでしょう。私たち生物が38億年かけてここまで進化できたのは、月のおかげだといえます。

地球のような巨大なものを考えるときは、「長尺《ちょうじゃく》の目」といって、大きなスケールで物事を見る必要があります。

地球の歴史は46億年前に始まってから様々な現象が起きました。生命誕生のあとも地球環境の激変によって大量の生物が絶滅したのです。こうしたスケールは日常生活の時間軸をはるかに超えて長く、今後の地球がどうなるかを知るためにも威力を発揮します。

たとえば、何万年、何千万年というスケールで捉えることによって、長期的な予測が可能になります。「過去は未来を解く鍵」という考え方もここで使われますが、物事は常にミクロだけでなくマクロに見ることが重要です。

さて、このように「長尺の目」で地球について考えると、火星サイズの隕石が地球に衝突したことは、その衝撃で傷つき失われた部分があったにせよ、それが「良かった」のか「悪かった」のか、簡単に判断することはできません。

人類の祖先はアフリカで誕生し、木の上から地面に下りて、暮らしを営むようになりました。それ以降サバンナの大地を歩く、いわゆる二足歩行が始まりました。人類はその後、数

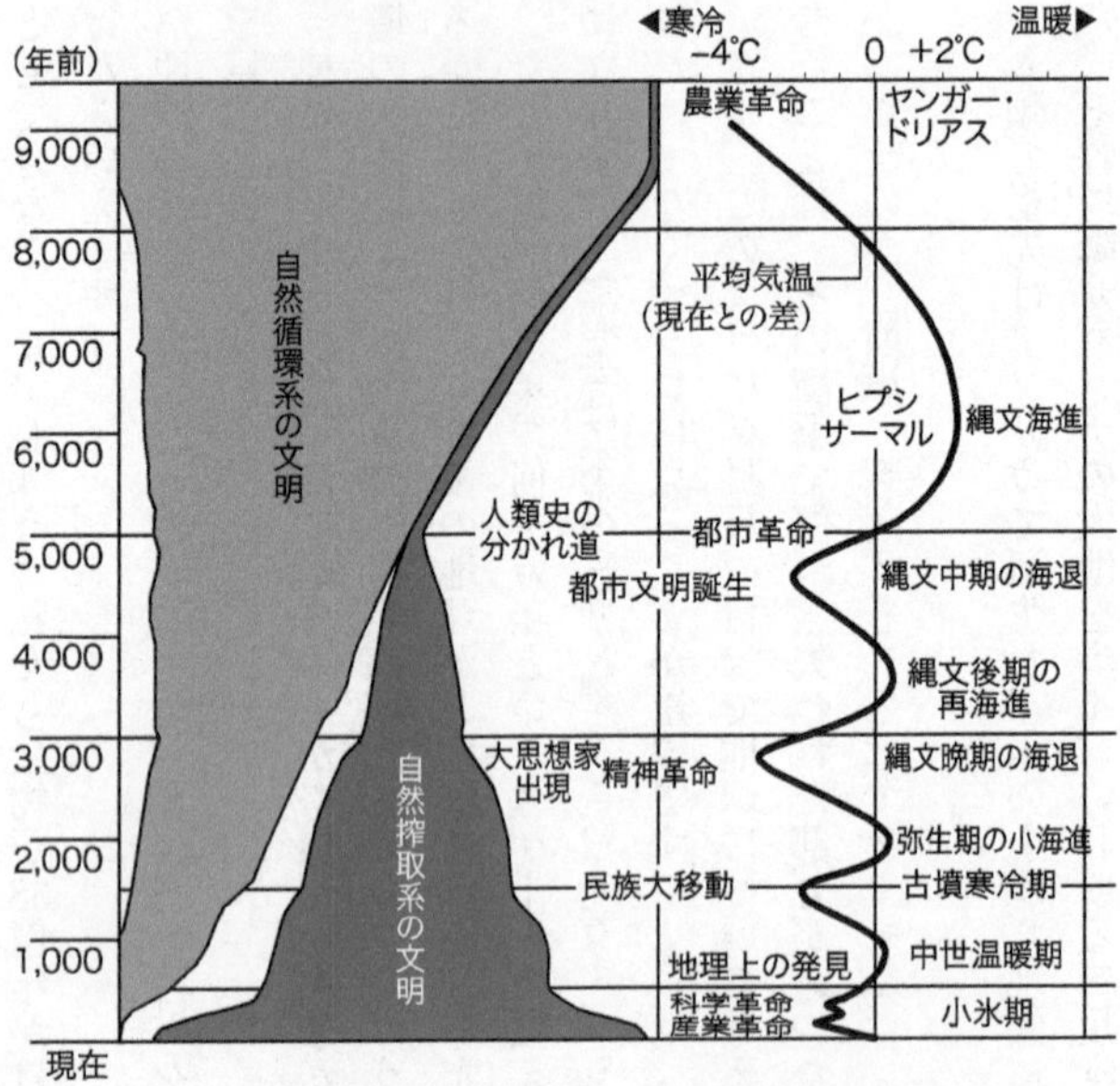

図8-1　1万年前以降の気候変化と文明の盛衰（安田喜憲氏による）

百万年は、狩猟採集による生活を続けます。

このような人類がどこで転換点を迎えたかというと、約1万年前です。それ以前は寒冷気候できわめて暮らしにくかったのが、1万年ほど前に地球全体が温暖化したのです（図8－1）。

そして人類は農業を始めました。毎年秋には収穫があり、余分も生じます。余ったものは、次の年に備えて蓄えることができます。これが「フロー（狩猟採集）」から「ストック（農業生産）」への大転換です。

ストックの状態は、18世紀に産業革命が起きるまで続きます。産業革命により、人類社会はそれまで利用していた木材などのエネルギー資源だけでは不足するようになり、石炭を燃やし始めました。石炭は、古生代の生物がつくってくれた炭化水素エネルギーです。つまり3〜4億年も大昔に保存されたストックなのです。

同様に石油も原子力も、貴重なストックです。石油は炭化水素を主成分とする液状の鉱物資源ですし、原子力のもとは何十億年も前にできたウランです。石油やウランが蓄えられた時間のおよそ1万倍速い時間で、人類はそれらを使い尽くそうとしています。

現代は、そのようなストックがなくなりつつある時代です。石油はいつ枯渇するのかが大きな問題になっています。レアメタルやレアアースをめぐる問題も同じです。

すなわち、20世紀までの人間は、過去のストックに依存して繁栄し豊かな生活を築くことができました。しかし今は、明らかに限界が見えています。地球自体が供給してくれる資源の量は、ほぼ限界に達しているのです。

ここで私たち地球科学者は、長期的にエネルギーの流れを考慮して、こう提案します。

「もう一度フローの時代に戻す必要がある」と。

フローとは、本当に必要なエネルギーだけを使い、余分なものはつくらない、という状態です。食物にしても、食べられる量だけを生産し、都市のゴミで6割も捨てられるような無駄を出さないようにします。

同時に、世界のどこかで餓死者が生まれるような配分のアンバランスを解消して、過剰なストックから適度なフローへと転換する必要があります。

地球のストック（資源）を、大量消費する「ストック型文明」から「フロー型文明」に変えるには、たとえば自然エネルギー資源の活用が考えられます。地熱・太陽光・風力などによる発電は、すべてストックに頼らないフローによるエネルギー活用です。できる範囲でフローによるエネルギー開発を行うのです。それでも電力が足りなければ、全体の消費量を減らす政策へ根本的に転換します。ちなみに、私は地質調査所時代、九州の豊肥《ほうひ》火山地域で地熱資源の探査を行っていました。

令和の現代人が江戸時代の生活に戻ることは無理ですが、少しでもいいのでこの方向へ本気でシフトしなければなりません。食べ物もそうですが、たとえば冷蔵庫に大量のストックを買い込むシステムから抜け出し、本当に必要なものだけ消費する生活へ変えることが肝要です。

ここではエネルギー技術の展開という大きな事業を行うだけでなく、ストック社会に依存する生き方そのものを変える必要があります。そのために普段の時間感覚を見直してほしいのです。

これまで「長尺の目」と呼んできましたが、自分自身の今だけではなく、１００年とか１０００年とかの長い目を持つことが、生き方と文化を変えることにつながります。

たとえば、２０３０年代の発生が確実視されている南海トラフ巨大地震は、１００年に１回の頻度で起きてきました。また、東日本大震災を起こしたマグニチュード９クラスの地震は１０００年に1回です。

このように日常生活では考えもしない時間軸で動く日本列島に我々は住んでいるのです。こうした事実を逆に利用して、１００年や１０００年のスケールで考える文化を創り出す――こうして初めて世界屈指の変動帯の生活を持続できるのです。

実は、日本人には「長尺の目」で考える遺伝子が組み込まれているのではないかと私は考えています。後に述べるように、今から７３００年ほど前、日本列島の大部分が噴火による火山灰で覆われたことがあります。カルデラ型の巨大噴火が起こり、高温の火砕流に襲われた南九州の縄文人が絶滅してしまいました。

同様の巨大噴火は2万９０００年前にも発生しており、日本では12万年に18回ほどこうした激甚火山災害が起きています。すなわち１０００年に1回の大地震だけでなく、1万年に1回の大噴火さえいつ起きても不思議ではない大地に住んでいるのです。

一方、そのような日本列島に暮らしていても、我々は死に絶えることなく現在まで発展を続けてきました。巨大な地震と噴火が起きる中で何とか生き延びてきた「長尺の目」で考えるDNAを、日本人は持っているのではないかと思うのです。

よって、巨大地震に対してもうろたえることなく、「長尺の目」と科学の力によって、1000年や1万年の時間単位で起きる地球イベントを上手にかわそうというのが、地球科学者からのメッセージなのです。その結果としてストック型文明から首尾良く脱出し、フロー型文明へ軟着陸することを次の目標としたいと考えています。

ちなみに、日本の古典文化にはフローの発想が通奏低音として流れています。

「ゆく河の流れは絶えずして、しかももとの水にあらず。淀《よど》みに浮かぶうたかたは、かつ消え、かつ結びて、久しくとどまりたるためしなし」

鴨長明《かものちようめい》（1155〜1216）は『方丈記』にこう記しました。水も歴史も生命も時間も、すべては流れていきます。そのような流れに乗って、人生をゆっくり生きることはとても大事なことです。無理に流れに抵抗せず、流れを楽しむことこそ、日本的な「フロー」の感性ではないかと思っています。

ユクスキュルが唱えた「環世界」

地球について考える際に、ぜひ知っておいてほしい概念があります。ドイツの理論生物学者のヤーコプ・フォン・ユクスキュル（1864〜1944）が提唱した、「環世界」という概念です。著書『生物から見た世界』（邦訳、岩波文庫、他に講談社学術文庫）のなかで彼は、動物から見た環境とは何か、ということについて考えました。生物にとっての、環境がもたらす意味について論じたのです。

私たちを取り囲む木や花、もしくは気温や天候などの状態すべてが、私たちにとっての環境です。ただ、動物が動物自身を中心に周囲の世界を捉えた場合には、どうなるのでしょうか。何が重要で何が重要でないのかは、各動物によって異なります。環境に対する独自の基準を、それぞれの動物たちがみな持っているのです。

例を挙げましょう。一部のダニは動物の血を吸って生きていますが、哺乳類《ほにゅうるい》の出す酪酸のにおいを感知することで、獲物が近づいてきたことを察します。温度を感知するセンサーも持っています。温血動物の体温に反応するものの、たとえばアツアツの焼き芋の温度には反応しません。

獲物の接近を木の上で待っていたダニは、哺乳類が下を通過したとたんに落ちてきます。上手に取りつくことができると、今度は触角を用いて、哺乳類の毛の少ない部分を選んで嚙みつき血を吸います。

ダニにとって実在する世界とは、ダニにとって意味あるものだけなのです。いわゆる客観的に環境を考える見方とは、まったく異なる視点がここにあります。

このように定義された環境に対して、ユクスキュルは新しく「環世界」と名付けました。あらゆる動物は、みな独自の環世界をつくりながら、そのなかに浸って生きている、という考え方です。

翻って、私たちが「環境問題」と言うときは、あくまで人間にとって都合のよい世界が周囲にあるかどうかを問題にしていることになります。問題と言いながらも、実は「人間にとって都合のよい世界かどうか」あるいは「人間が深く関心を持っている生き物にとってよい環境かどうか」なのです。私たちはいつも人間中心でものを見ていることに、気づかされます。

ノーブレス・オブリージュ

『生物から見た世界』の原著には、「見えない世界の絵本」というサブタイトルが付いています。言葉通りに、原著にはたくさんの挿絵が載っているのですが、そのなかに、人間が見た部屋、犬が見た同じ部屋、ハエが見た同じ部屋、という3点の絵があります。

人間と犬とハエとでは、同じ部屋にいても見えている世界が違うことが表現されています。人間には、部屋に置かれたイス・電灯・本棚や、テーブルの上にのった食べ物などが見えていますが、犬にはテーブルの上の食べ物とイスしか見えていません。ハエになると、電灯と食べ物以外は何も見えていません（図8－2）。

見る主体にとって意味のあるもののみが存在する、というのが環世界のありようです。どの動物も、客観的な環境に適応しながら生きているように見えますが、個々の動物の立場に

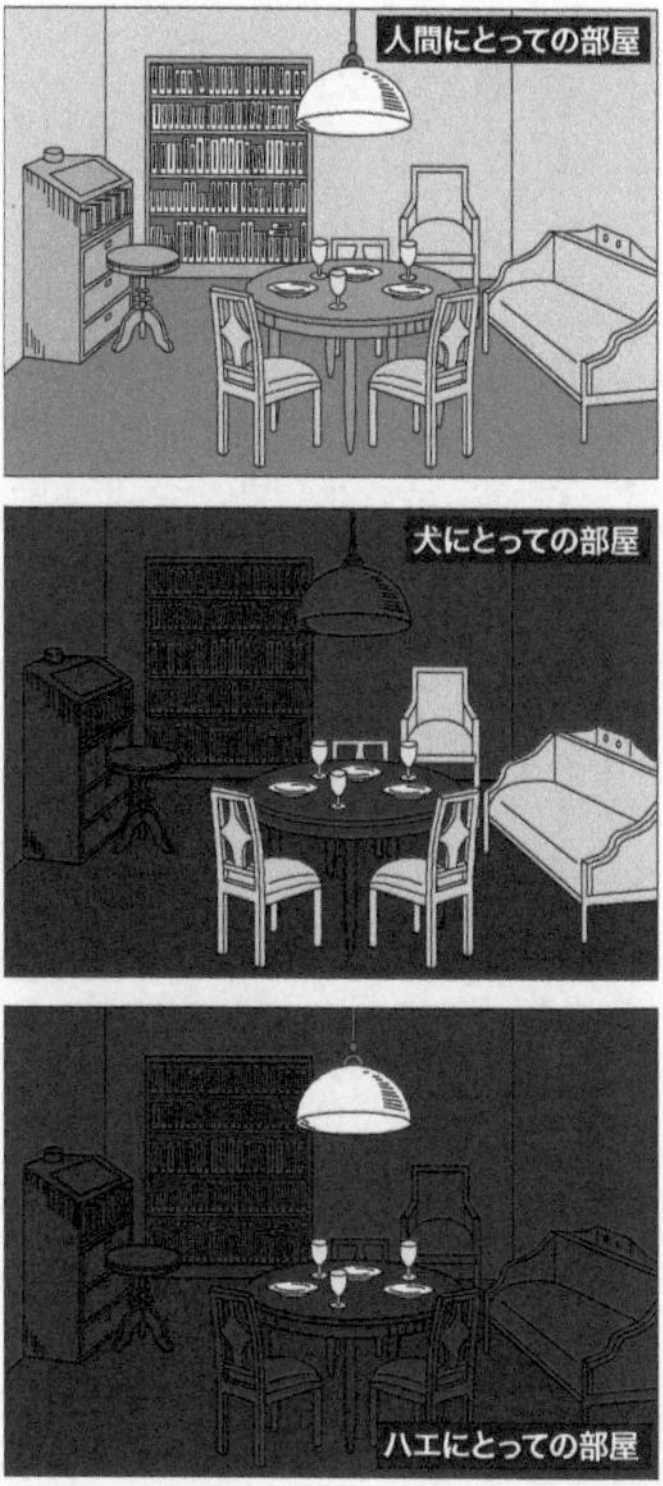

図8-2　人間、犬、ハエの見る世界（『生物から見た世界』〈ユクスキュル、クリサート著／日高敏隆、羽田節子訳／岩波文庫／2005年〉を参照して作図）

立てば、主観的な環世界のなかで生きていることになります。

このような考えを推し進めていくと、興味深いことに気づきます。地球上の生き物は、人間以外はどれ1つとして「地球のために」などとは考えずに生きている、ということです。生命体は、短い時間スケールでは自分たちの種の維持のために行動し、長いスケールでは突然変異を受け入れながら進化しています。こうやって種の保存を図っているのです。

つまり、あらゆる生物は自分たちの適性を生かしながら、全体として地球の多様性が維持されています。このような状況をマクロな視点で眺めると、地球の安定とは、個々の生命体が勝手に活動しながらも、全体としては調和がとれた状態が保たれていることだと言えます。地球をまるごと「長尺の目」で見つめることによって、初めて現れてくる姿ではないでしょうか。

第七章でも紹介した「ノーブレス・オブリージュ」という言葉があります。尊い地位にある者は、道徳的義務を負う、という意味です。これは、決して社会的な地位にあるかないかを言っているのではなく、生命体すべてに共通する原理でもある、と私は考えています。

地球上では、何億という種が共存しながら、全体として多様性を維持しています。すなわち「地球上に生まれてきたこと自体がノーブレス（尊いこと）だ」という考え方です。これは地球科学的な生命史の発想から出てきたものだと思うのです。

動物は自然環境に適応しながら暮らしており、自然を変えてしまおうなどとは決して考えません。一方で人間は、与えられた環境だけでは満足せず、生活しやすくて効率的で有益なものへと改変しようと常に試みます。

約1万年前に始まった農業も、化石燃料を大量に使い始めた産業革命も、自然を人間の都合でコントロールしようとする営為でした。そうやって見てくると、地球環境問題は、人類の環世界がつくり出した問題だということが分かってきます。

ユクスキュルの環世界の考え方は、18世紀の哲学者エマニエル・カント（1724〜1804）の認識論にも通じるところがあります。人間がある対象を認識することで、初めてその対象は実在するものとして現出する、という考え方です。

逆にいうと、人間は自分の持つ認識方法あるいはアンテナでしか、対象を認識できない、ということです。環世界は、人間のみならずすべての生物が自分固有の認識方法で世界を認識していることを、明瞭《めいりょう》に示してくれました。

「共同幻想」という言葉を聞いたことのある人も多いでしょう。いってみれば、国家も愛も貨幣も、すべて人類がつくり上げた共同幻想です。そういう概念の世界に振り回されることから、一度脱却してみようというのが、地球科学が提案する考え方です。

アトランティス大陸は実在した?

地球科学的に見れば、ほんの最近知られるようになった概念から脱却し、「長尺の目」で眺める習慣を身につけるためにも、ここでは有名な「アトランティス大陸」にまつわる話を紹介しましょう。

大昔にアトランティスという大陸があり、古代エジプトや古代ギリシャ以上の文明が栄えていた、という伝説があります。あるとき大きな地震が起きて、大津波と大洪水にも襲われたため、一夜にして消滅してしまった、という文章が古代ギリシャの哲学者プラトン(前427~前347)の晩年の著作(『ティマイオス』『クリティアス』)に残されているのです。

伝説の大陸アトランティスは本当に存在したのか、それとも幻なのか、実はいまだに謎だらけです。このエピソードから、どうか自然界のスケールの大きさを感じ取ってください。

古代ギリシャ人やローマ人よりもずっと前に、アトランティスではきわめて洗練された高度な都市文明が築かれていた、とされています。それが突如として消滅したということで伝説化し、長いあいだ人々の想像力を刺激し続けてきました。

それが最新の地質調査によって、この伝説の真相が次第に明らかになってきました。アトランティスは地中海にあった、という証拠が発見されたのです。歴史的にみても最大級の火山噴火に見舞われた結果、水没した、という証拠です。

プラトンがこの伝説について、『ティマイオス』や『クリティアス』で触れたのは、約2500年前です。現在では岩波書店版の『プラトン全集』第12巻等に収められていますが、この2作品は、プラトンの師ソクラテスを含む4人の人物と、プラトンとの対話から成っています。ソクラテス、ティマイオス（プラトンの数学教師だった政治家・哲学者）、クリティアス（プラトンの曾祖父《そうそふ》）、ヘルモクラテス（政治家・軍人）の4人です。

アトランティスについて語られる内容は、紀元前1万年、つまり今から約1万2000年前の話です。

ソクラテスは、こんなことを語っています。

「これが作り話ではなく、本当の話だということは、極めて重大な点でしょう」

こうプラトンが記したことで、アトランティスとは具体的にどこにあったのかの追究が始まりました。プラトンは著作の中に、アトランティスの場所に関わるヒントを残しています。その1つが、「ヘラクレスの柱の入口の向こうに1つの島があった」という記述です。ヘラクレスというのは、ギリシャ神話に登場する英雄です。

怪力の持ち主であるヘラクレスは、あるとき近道をするために、巨大な山地を真っ二つに割りました。それ以前の地中海は大西洋とつながっていませんでしたが、割れたため間に水路ができ、2つの海がつながりました。その割れた地点が、地中海西端にある現在のジブラルタル海峡です。

　このヘラクレスの故事にちなみ、古代ギリシャ人は、北にあるヨーロッパ側の岬（スペイン）と南にあるアフリカ側の岬（モロッコ）の2つを「ヘラクレスの柱」と呼ぶようになりました。先のプラトンの記述には、「ヘラクレスの柱の入口の向こう」とあります。そして、プラトンがいたギリシャ（地中海）から見ると、柱の向こうが大西洋になります。そのため、アトランティスは大西洋に存在した、ということになったのです。

　しかしその後、アトランティスは大西洋とは別の場所にあったのではないか、といった異論が次々に現れます。候補地としてはたとえば、アメリカ大陸、ブラジル、インド洋、北海、南極大陸などが挙がりました。

　これら以外にもギニア海岸、サハラ砂漠、インド、ノルウェーなどなどの説が浮上しました。候補地の場所は1700箇所にも及びます。地球上のほとんどの地域が、アトランティス大陸の候補地として考えられたほどです。

　さらには、アトランティスは空飛ぶ円盤だった、という説まで現れました。その神殿は、宙に浮いている幻の超金属「オリハルコン」でつくられた、というのです。このようにアトランティスの場所探しは白熱し、世界中の話題となりました。いずれにせよ結局、大西洋には見つかりませんでした。

地球科学的に補足すれば、大西洋にないのは当然です。大西洋は、もともと閉じられていました。世界地図を見れば一目瞭然ですが、大昔、アフリカ大陸と南北アメリカ大陸はくっついていたので、凹凸の地形がぴったり合うのです。後に分裂し、その間に海水が入り込んでできたのが、大西洋です。

それを示すように、大西洋の中央部には分裂したときの分かれ目（中央海嶺）があります。こうした流れを踏まえると、そのような海が開かれつつある場所にアトランティス大陸があるはずはない、ということになります。

大陸の大きさは？

それ以外にもプラトンはいくつかのヒントを書き残しています。

「リビアとアジアを足したよりも、なお大きな島」
「アトランティスには、大陸のような大きな島の他にも、小さな島の存在があった」
「円形の帯状の陸と海が交互に取り囲むようにしてできていた。面積の大きいものもあれば、小さいものもあった。陸の帯は二重、海の帯は三重であった」（図8−3）

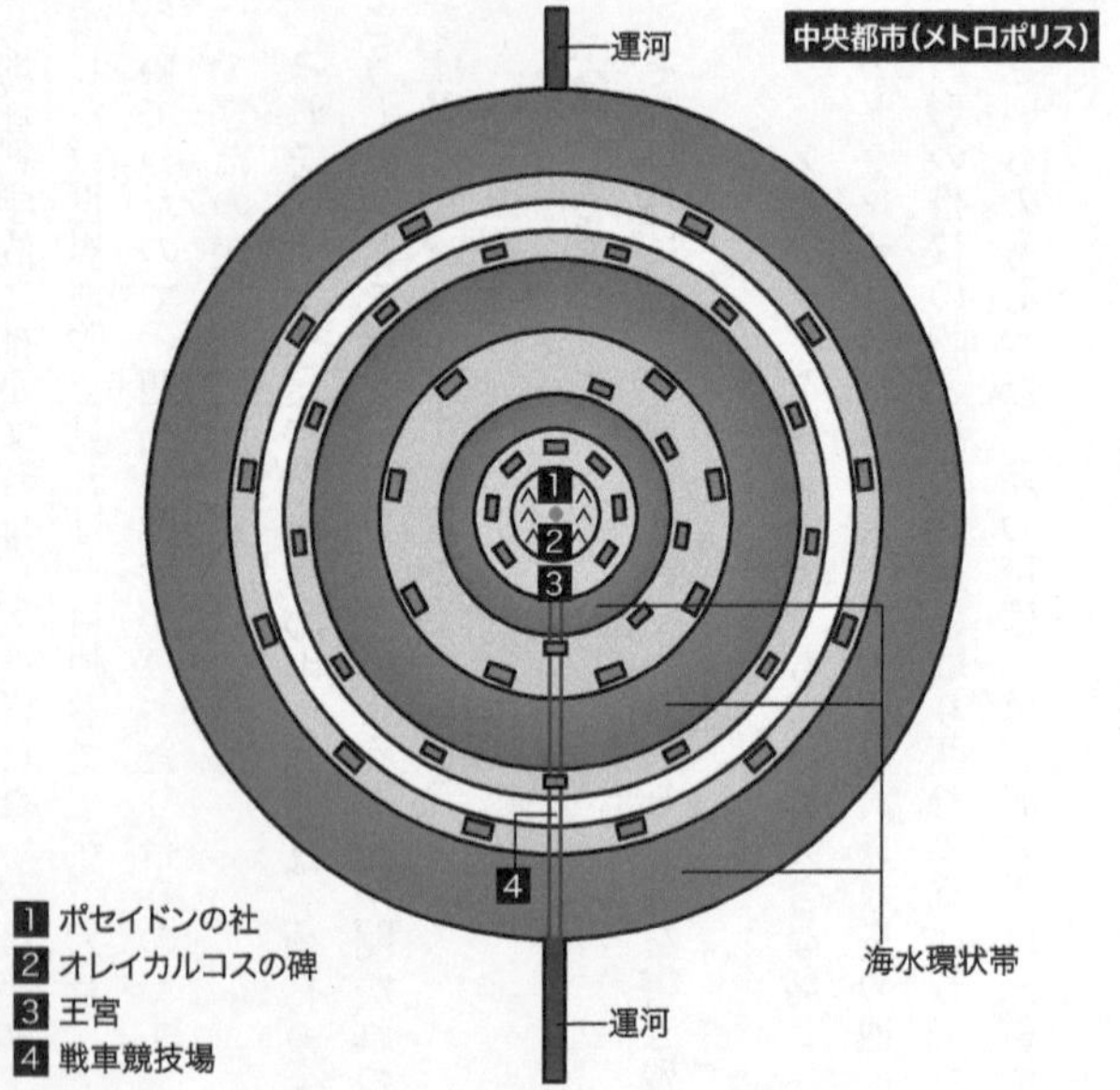

図8-3　アトランティスの中央都市（メトロポリス）（出典　田之頭安彦氏による図をもとに作成）

こうした記述を地質学的に検証すると、思い当たるのが、エーゲ海にあるサントリーニ島です。アトランティスとはサントリーニ島ではないか、という説が登場します。

サントリーニ島は、エーゲ海に浮かぶ火山島です。現在はギリシャを代表するリゾート地であり、海水浴と温泉が楽しめ、ワインの美味《おい》しい島です。切り立った崖の上には、見事な白亜の家々が並びます。西側は断崖《だんがい》絶壁となっていて、ここから眺めるエーゲ海に沈む美しい夕日は有名です。

火山学的に説明すると、この島はインドネシア・クラカタウ火山のような、巨大なカルデラ（陥没構造）によってつくられた島です。つまり火山の巨大噴火によって生まれた島が、サントリーニ島なのです。

ところで、プラトンが書いたヒントとしての「ヘラクレスの柱」は、実はジブラルタル海峡でなくても成立します。今のギリシャ南部、ペロポネソス半島南端には、タエナラム（マタパン）岬とマレアス（マレア）岬があります（図8－4）。これらの形が、「ヘラクレスの柱」と書かれた地形上の特徴と合致するのです。

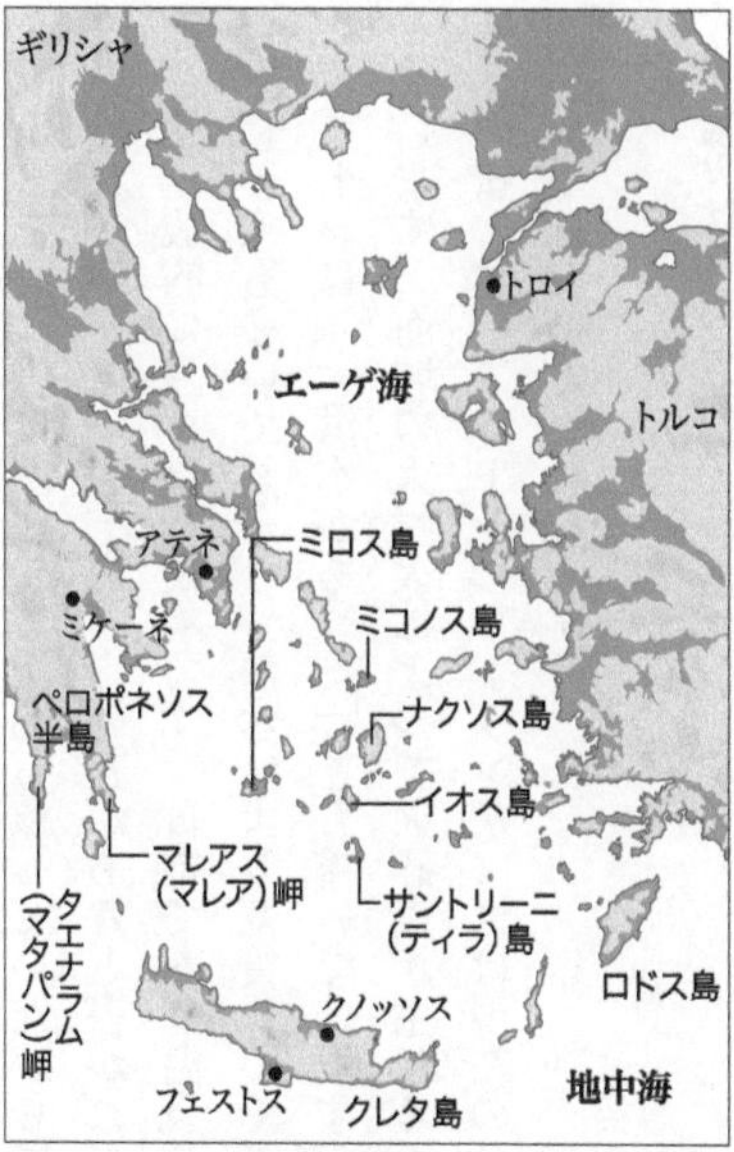

図8-4　エーゲ海の島々と古代都市（竹内均氏の図をもとに作成）

こういうことを1つひとつ地道に実証していくことも、地質学者ならではの仕事です。私自身、アトランティスのサントリーニ島説には、以前から注目していました。

プラトンは火山に関連する記述も残していたからです。たとえば、アトランティスには温泉と冷泉があって、赤・黒・白の石があると書かれています。これらは、火山のある地域にはごく一般的にみられる現象です。日本でも、温泉のそばで変色した石がよく見つかるのは、ご存じの人も多いでしょう。熱水により変質してできた鉱物が、赤や黒、白色になるのです。

プラトンは「大洪水があった」とも書いていますが、クレタ島にも実際、津波の痕跡が残っています。海域の大噴火によって火砕流が生じると、津波が発生することはしばしばあります。よって、プラトンのアトランティスは現在のサントリーニ島を指すのだ、と考えても間違いではないと思われます。

大噴火は文明を消滅させる

古代文明の一つに「ミノア文明」があります。エーゲ海で栄えた青銅器文明で、名前は伝説として知られるミノス王にちなみますが、この「ミノア文明」の跡がサントリーニ島には残されています。

諸説の一つとして紀元前30~前17世紀ごろに栄えた高度な文明で、色とりどりの陶器や大規模な宮殿が、島々に残っています。中心部は、サントリーニ島の南にあるクレタ島に存在し、3500年以上も前でありながら、すでに水洗トイレがつくられており、洗練された文明だったことがわかります。

　そのクレタ島には、クノッソス宮殿の遺跡があります。この宮殿はサッカー場4面分の広さで、部屋の総数は1300にも及びます。ミノア文明には、ジャンプして雄牛を飛び越えるという、きわめて危険な競技がありましたが、その雄牛が、宮殿の壁画には描かれています。

　クレタ島では実際、軽石と火山灰の層の下から、優雅な「失われた世界」が見つかっています。雄牛や女性、サフラン等の図案はプラトンの記述と似通い、また雄牛の競技などの儀式や行事は女性によって仕切られていたこともわかっています。プラトンは「アトランティスは青銅器文明だ」ということも書いていますが、これもミノア文明の実状と合っています。

　このような事実を考慮すると、海水に囲まれたメトロポリスはサントリーニ島であることになり、アトランティス大陸はクレタ島だと推定できます。クレタ島は大陸ではありませんが、多くは誇張されて後世に伝わるのが、伝説や神話の常です。

　さらにその後、堆積物の詳細な地質調査も行われたことで、火山噴火の規模がだいたいわかってきました。同時に、噴火の前には地震が多発していて、クレタ島では大きな被害が出ていた証拠も発見されたのです。

　このような過程を経て、ミノア文明は紀元前1620年ごろにサントリーニ島で発生した火山の大噴火によって消滅した、と結論されました。一方で、ミノア文明は大噴火の約半世紀後に滅んだのであり、噴火が直接の原因ではないという説も、その後の調査をもとに提示されています。この真相をめぐる研究は、現在もなお進行中です。

ただ、文明の消滅に大噴火が影響したことをめぐって、人類が古代以来強い関心を持ち続けてきたことだけは確かです。

島の消滅は日本でも起きていた

火山の大噴火により島が消滅してしまう事件は、実は日本でも起きています。7300年ほど前に、鹿児島沖の薩摩《さつま》硫黄島《いおうじま》で巨大噴火が発生しました（図8－5）。その結果、たいへん大きな陥没構造ができ、陥没したところ以外の地域が小さな島として残りました。サントリーニ島と同じような島々が残ったのです。

このときの噴火では、火砕流と火山灰が大量に噴出しました。高温の火砕流（幸屋《こうや》火砕流）は海を越えて九州にまで達し、南九州一帯を焼野原に変えました。当時、ここで生活していた縄文人が全滅したことが、地層の中に残る土器の形から確認できます。

火砕流に覆われる前につくられていた土器は、南方から来たものでした。ところが火砕流の上にある土壌から発見された土器は、まったく違う形をしています。おそらく大噴火による絶滅から数百年ほどのちに、北から来た人たちが伝えた新しい土器の形なのでしょう。

また、薩摩硫黄島の噴火で上空高く舞い上がった火山灰は、偏西風に乗って東のほうへ飛んでいきました。「アカホヤ火山灰」と呼ばれるものですが、これが遠く関東・東北地方にいたる広範囲に飛来し、堆積しています（図8－5）。白っぽい地層として、このときの火山灰は今も残っています。

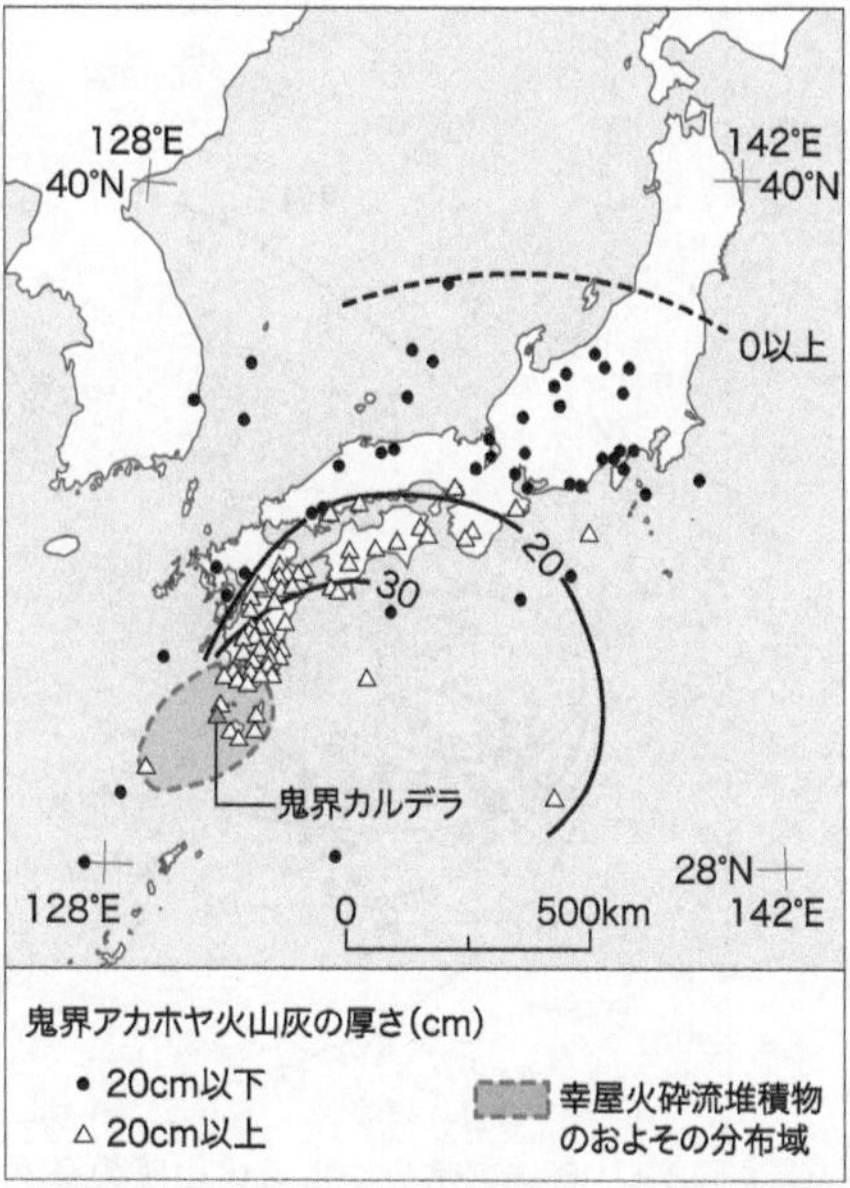

図8-5　アカホヤ火山灰が堆積した厚さと幸屋火砕流の範囲（出典　町田洋氏による図をもとに作成）

日本列島では、このような大規模な火山噴火が平均すると約1万年に1度の割合で起こっています。いちばん最近の巨大噴火が薩摩硫黄島で起き、その前は2万9000年前です。

サントリーニ島の噴火も、

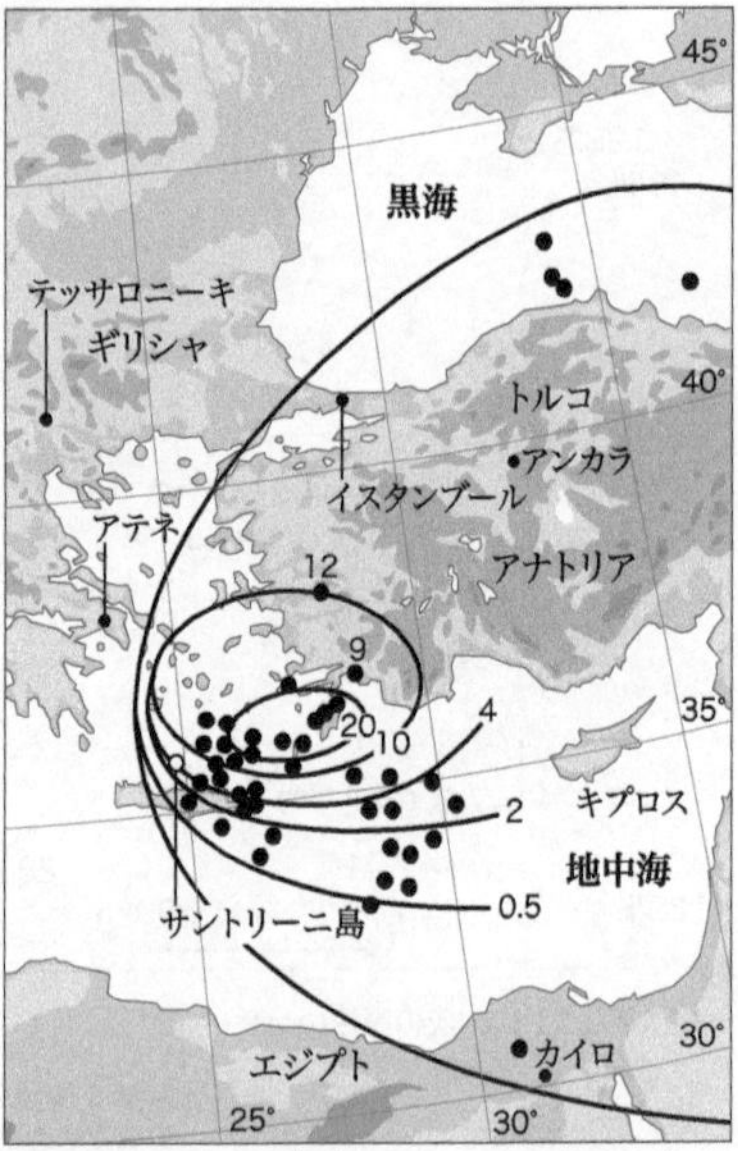

図8-6　ミノア噴火による火山灰の分布域と厚さ（単位 ㎝）

これと同じような規模の巨大噴火だったと推測されます。火山灰はギリシャやトルコのみならず、遠くエジプトや黒海まで飛来しているからです（図8－6）。このように、火山灰の分布を地図で確認すると、どれほど激しい噴火だったのかがわかります。

ちなみに、超巨大噴火が起こる場所はだいたい予測することができます。それは、大陸の真ん中を割る場所です。たとえばアフリカ大陸は、割れる可能性があることがわかっています。

「パンゲア大陸」という名を聞いたことがある人もいるでしょう。かつて南北アメリカとアフリカ、南極など、現在の5大陸がすべてくっついていたときの、大陸名です。3億年ほど前の状態です。

このパンゲア大陸が、2億5000万年ほど前に割れ始めて、そのとき巨大噴火が起きま

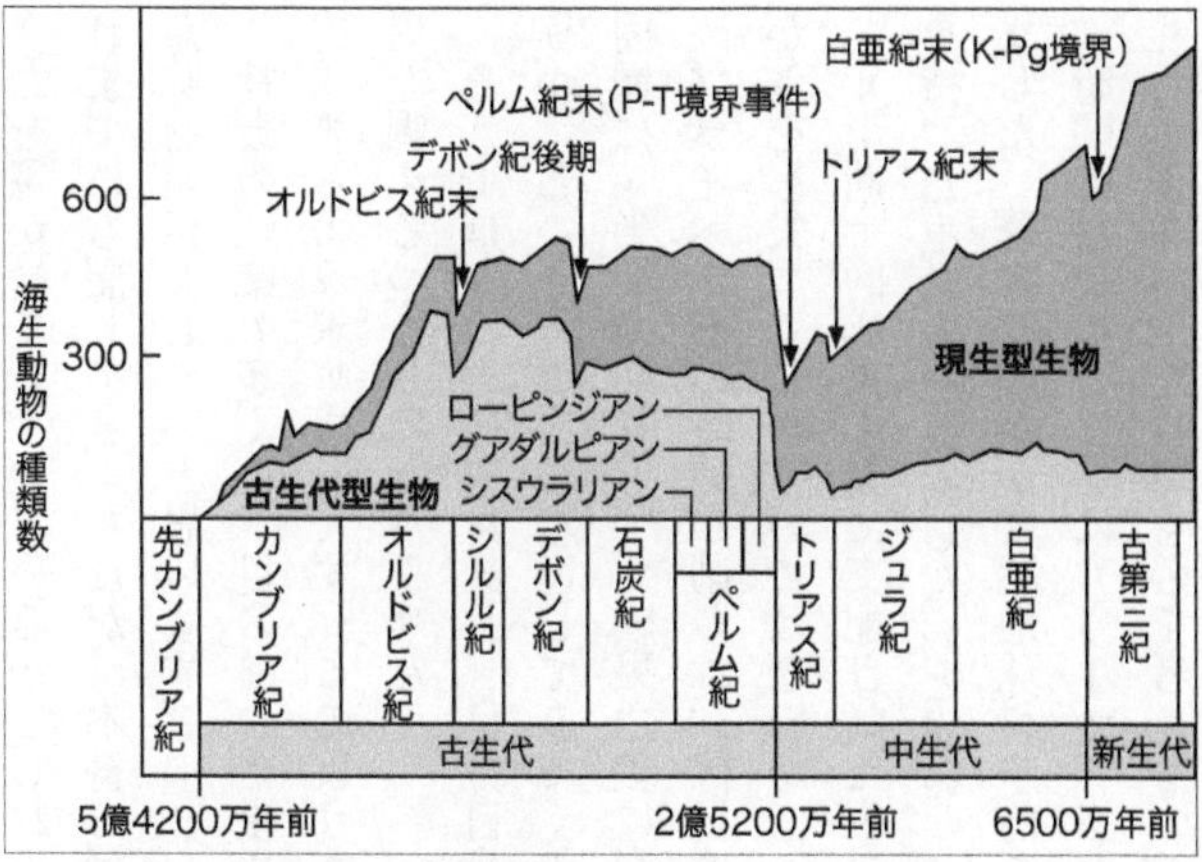

図8-7　地球史の5つの大量絶滅

した。莫大な量のマグマが大陸を割ったことになります。その結果、当時の地球に存在していた生物の95%が絶滅し、「古生代」が終わりました。

この古生代の終わりは、ペルム紀と呼ばれる古生代最後の地質年代に、「P－T境界」（古生代と中生代の境目）として地層に現れています（図8－7）。

この話は決してフィクションではありません。それどころか地球科学の最先端のテーマでもあり、最近10年ほどのあいだに判明してきたことです。ちなみに5回あった大量絶滅のうち、最大級でした。

地球科学的な時間と空間を

それにしても百万年や億年といった記述が皆

さんを驚かせてしまっているかもしれません。地球科学者が持つ「長尺の目」についてはこれまでにも記してきましたが、本書を締めくくるにあたって、このような視座を持つことの意味をお伝えしたいと思います。

社会の産業の多くは、目の前の結果や業績に支配され、たった3か月の4半期でノルマを達成するよう求められます。このような日常を生んでいる資本主義そのものに対して、何も異を唱えるつもりはありません。

そうではなく、仕事を離れ、自分自身の人生設計や他者とのつながりを考えたときにはどうか、というところに着目してみてください。価値観や人生観、ものの捉え方まで、仕事と同様に4半期で切り取った成果主義に影響されていないでしょうか。

プライベートの時間が削られ、休日さえただ眠って過ごすだけという生活では、人生の豊かさをも失ってしまうのではないか、と危惧《きぐ》するのです。

「4半期」的成果主義に支配された生き方を、私は本気で心配しています。もっと広い視野を持った生き方を提案したいと思い、『武器としての教養』（MdN新書）という本まで書きました。暮らしのなかに、地球科学的な時間とゆとりをぜひ取り入れてみてください。

時間的な長尺とともにもう1つ、空間的な大きさも大切です。家族や会社、地域や国といった小さな単位だけでものを考えるのではなく、地球規模のスケールでも見てみてください。

こうした視点があると、生き方まで変わるのではないか、と期待しています。

イタリア南部にあるエトナ火山に調査に出かけた際に、こんなことがありました。エトナ火山は、日本の富士山のように円錐形の美しい形をしており、約10年おきにマグマを噴出させている活動の盛んな活火山です。何万回も１つの噴火口を使いながら、成層火山を形づくってきました。

エトナ火山から噴出するマグマは玄武岩です。これも富士山と同様です。調査のためエトナ火山に落ちている火山弾を拾い集めていた私は、自分がいま富士山にいるのか、エトナ火山にいるのか、わからなくなってきました。

不安ではなく、安心を覚えたのです。背景には、巨大で黒々とした成層火山がそびえています。この姿にも居心地の良さと親しみを覚えました。このような経験から、私にとって富士山が「マイ・マウンテン」であるのと同じように、エトナ火山も「マイ・マウンテン」になりました。

「マイ・マウンテン」と「マイ・カントリー」

なお、マイ・マウンテンというのは、私の周囲にいた地質学者たちが使っていた呼び名です。1988〜90年まで通産省の派遣研究員として、米国内務省のカスケード火山観測所に留学していました。ちょうど東京大学から論文博士制度で理学博士号を取得した直後で、アメリカ中を中古で買ったホンダ・アコードで走り回り、安定大陸の地層を観察しながら広大な大地を満喫していました。

そのとき、一緒にフィールドワークをした火山学者のチャーリー・ベーコン博士が、オレゴン州のクレーターレークカルデラを「マイ・マウンテン！」と表現したのです。彼は30年にわたって研究を続け、そのマイ・マウンテンから火山学の新知見を世界へ向けて発信していました。

ちなみに、ベーコン博士とは共著で2本の論文を国際学術雑誌に載せ、クレーターレークカルデラがちょっぴりマイ・マウンテンになりかけたのは、今でもとても良い想い出です。

通産省の地質調査所時代、私にとってマイ・マウンテンは九州の阿蘇カルデラと九重山、そしてこれらを包含する豊肥火山地域でした。いずれも「宮原図幅《みやのはるずふく》」という、通産省刊行の5万分の1縮尺のカラー地質図にある地名です。

国立研究官として18年間勤務したうち、15年ものあいだ九州の野山を駆け巡って作った地質図でした。いわば地質調査所の卒業論文と言ってもよいような「作品」だったのです。

そして京都大学に移って火山防災の仕事に没頭するようになってから、富士山がマイ・マウンテンとなりました。さらに2011年に起きた東日本大震災以降は、激甚災害の次のターゲットである南海トラフが対象となっています。マイ・マウンテンから派生し、マイ・カントリーというコンセプトで地球科学の研究対象が広がっていったわけです。

さて、富士山もエトナ火山も同じ地球の現象が表出した場所です。そう思うと、両者がともに身近に感じられます。その次には、アメリカ大陸とユーラシア大陸、金星と地球、太陽系が含まれる私たちの住む銀河と隣の銀河……というように、空間的な視座がどんどん拡大していきました。

このような視点で世界や宇宙を認識することが、空間的な「長尺の目」です。

エトナ火山で右のような体験をした後のことです。街まで下りてきた私は、まったく異なる空気に触れました。

麓の街・カターニアは、イタリア人のはち切れんばかりの陽気な熱気に溢れていました。日本ではまず見られない光景です。エトナ火山が「マイ・マウンテン」だと感じた数時間前の感覚とは正反対の感覚です。「ここは異国だ」と感じ、興奮しました。

レストランに入って注文しようにもイタリア語のみで英語が通じず、身振り手振りでオーダーしました。それさえも楽しく感じました。

エトナ火山を調査する私は、科学者として、地球よりももっと広大な空間を踏まえた大きな視点で物事を考えます。一方で、料理を注文するときには、全身を使い四苦八苦しながら必死で自分の好みを店の人に伝えます。

この両方を、私は大切にしてきました。火山学者としての私は、世界中どこでも活火山さえあれば充実した時間を過ごすことができます。しかもそれぞれの土地では、非常に異なる歴史や文化、伝統、食べ物、ファッションを楽しむこともできます。

空間的な「長尺の目」では、世界中の活火山を身近で等しいものとして眺め、同時に一人の科学者としては、地域の多岐にわたる文化を愛《め》でることができます。

地球科学者として大きな視点で物事を考えることと同時に、自分だけの感性を持つ一個人として、日本列島が育んできた特有の文化の中で暮らしています。科学研究と日本文化の対比と言ってもよいかも知れませんが、私の中の「文理融合」という長年のテーマがこうして活かされているのではないかと思っています。

さらに、「大地変動の時代」を迎えて「想定外」にあふれる世界でしなやかに生きてゆくこと。固定観念や因習にとらわれず、いつも柔軟に「長尺の目」で取り組んでみること。

「活きた時間」と一期一会を大切にして、どんな人にも必ずある良い所を見て朗《ほが》らかにつきあうのです。そして、偶然の妙に驚きながら、時には違った自分のありようを行ったり来たりして楽しむ。

地球科学を研究する中で、そして京都大学という面白い人たちの集団に入れてもらったことで、こうした柔軟な、私流の科学者としてのスタイルが確立したのではないか、と考えています。

日本列島には天変地異が今後も盛んに訪れるでしょう。「大地変動の時代」が、すでに始まってしまったからです。

それでも、そうした来るべき天変地異をただ怖れるのではなく、興味深い歴史や地理、自然の姿を「長尺の目」によって捉える視座を持ってほしいと望んでいます。

あとがき

24年間の教授生活は本当にエキサイティングなものでしたが、ここでは語りきれなかったことをお伝えしておきます。

本文には入っていませんが、当日卒業生のゲストを二人招いて壇上で「トーク・ショウ」を行いました。

実は、毎週行っていた1、2年生向けの「地球科学入門」の講義では、私の研究室を訪問した人に現場の体験を語ってもらうイベントがありました。私が学生代表の聴き手としてインタビューする、別名「かけ合い漫才」でした。

ゲストは私が出演したテレビ番組のプロデューサー、雑誌の編集者、新聞記者のほか、霞《かすみ》が関《せき》の官僚、衆議院議員、市長、会社社長、お寺の住職、バイオリニスト、デザイナー、喫茶店のマスター、予備校教師など、実に多彩な顔ぶれでした。

その半分くらいは京大卒業生で、先輩たちが社会でどんな仕事をしているかを直接肌で感じてもらったのです。そして最終講義でも再現してみようと、京大理学部と修士で火山を専

最終講義の板書風景（撮影 高島香里）

攻した教え子のNHKディレクター（佐野広記《さのひろき》さん）と、経済学部卒の雑誌「プレジデント」編集長（小倉健一《おぐらけんいち》さん）に来てもらいました。

その後、二人のコラボによる「京都大学最終講義」の取材記事が「プレジデント」誌（2021年4月30日号）に掲載されました。また佐野さんは、NHK総合テレビ「おはよう関西」で「京大の名物教授が定年、若者へのメッセージ」という8分間の番組で最終講義をご紹介くださいました（3月29日放送）。

うれしいことに、「地球科学入門」は06年に「週刊文春」の「京大現役学生2000人が選んだ面白い自慢の授業」に選ばれました（3月30日号）。その2年後にはNHK総合テレビ「爆笑問題のニッポンの教養・京大スペシャル」に出演する機会を得ました（08年3月25日）。

ここで「鎌田の講義は京大随一の人気を誇る」というナレーションがあり、自分で言うのもおこがましいのですが、この頃から学生たちから「京大人気№1教授」と呼ばれるようになりました。

還暦を迎えた15年には、TBS系列「情熱大陸」で取り上げてもらい全国放送され（11月22日）、頻発する地震も相まって中高生への出前授業と講演依頼が増えました。編集者が拙著のオビに「大地変動の時代」と印刷し始めたのも、この頃です。

振り返ってみると、テレビなどマスメディア出演と辻説法《つじせっぽう》的なリアル講演活動は、すべて「地球科学入門」の講義から始まったように思います。そしてその総決算が、「京都大学最終講義」なのでした。

「惨憺たる授業」からの大逆転

このように今でこそさまざまなメディアへの出演や辻説法をさせてもらっている私ですが、実は、着任当初に行った授業は分かりにくく、学生たちの評価も惨憺たるもので、人気No.1教授とは正反対の「下手なランキングNo.1」だったと思います。

「惨憺たる授業」と言っていたのは学生たちで、学生からそんな陰口を言われながらも、私は聞く耳も持たず、むしろ「天下の京都大学にふさわしい授業」と自負していたのです。もちろん、学生たちの「難しすぎて理解不能」という言い分が正しかったのですが。

確かに、大学に転職する前の地質調査所では研究三昧《ざんまい》で、人とも会話せず火山と地層とだけ向き合って研究していました。そんな私がなぜ変わったのかといえば、「惨憺たる授業」

の現実を知ったからです。

あるとき、なぜ自分の授業の評判が悪いのかを知りたい、という思いがむくむくとわきました。そこで毎回、講義をビデオに録画し、後で学生たちと一緒に見て、どこが下手なのかを忌憚《きたん》なく指摘してもらいました。


「声が小さいし、早口で何を言っているのかよくわからない」

「いきなり知らない専門用語を出されても、ポカーンとしてしまう」

「英語を使うの、止めてほしい」

「板書の字がヘタで読めない」

「内容を盛り込みすぎ」

「火山なんて自分には関係ないのに、授業を受ける意味が分からない」

「そもそも、眠いです」


などなど、これぞ惨憺たる評価です。

自分の授業に自信を持っていた私は愕然としましたが、録画という証拠があるから言い訳もできません。彼らに興味を持ってもらうにはどうすべきか、熱中する対象が火山から授業術へ大転換し、どうしたら学生が満足するかを真剣に研究し始めたのです。

その経過は後に『京大理系教授の伝える技術』（ＰＨＰ新書）にまとめましたが、そのポイントは聴講者にとって徹底的に「活きた時間」となる工夫でした。

さらに、人と人とのコミュニケーションという観点から、パワーポイントなどのデジタル機材を使わず、昔からの板書と質疑応答（Ｑ＆Ａ）を中心に授業を組み立てるようになりました。というのは、授業は古代ギリシャ時代に人類が発明した優れた「メディア」だと思うからです。

人と人をつなぐコミュニケーションの媒体をメディアと言いますが、私は20世紀に活躍した文明批評家マーシャル・マクルーハンから有効な方法論を学びました。彼は代表作『メディア論』（みすず書房）の中で、ラジオとテレビをそれぞれ「熱いメディア」、「冷たいメディア」と呼んでいます。

ラジオは音だけで囁《ささや》くように情報を伝えながら、人を揺り動かす「熱いメディア」の力を持ちます。一方、テレビは大量の映像を使って情報を次々と垂れ流す「冷たいメディア」だというのです（拙著『座右の古典』ちくま文庫、２３７ページ）。

私はこれにヒントを得て、毎回、授業の終盤で大教室に詰めかけた数百人の学生と、白い紙を使って質疑応答を始めました。用意されたメディアは、リサイクル紙のウラ面を使った何の変哲もない紙切れです。

講義の始めにこの白紙を配り、そこに学生の意見・質問・感想をペンネームで書き込んでもらいます。次の講義で、私はどんな質問にも即興的に回答します。わかりやすい言葉で、丁寧に答えることを心がけました。

いつしか学生と教授の個性がそのまま数百人の若者たちに開陳される、スリルあふれる瞬間となりました。匿名性と即興性から、思いもかけぬ一期一会が生まれました。こうして「双方向のコミュニケーション」が実現したのです。

数年ほど続けたところ、「地球科学入門」はラジオ番組のようだと言われるようになりました。確かにラジオには、聴き手の心にメッセージを柔らかく、かつ着実に残してゆく機能があります。

たとえば、深夜放送のリスナーから寄せられた「お便りハガキ」に対して、パーソナリティのコメントが音声で直接届けられます。このときに熱いコミュニケーションが成立し、「活きた時間」が生まれます。親しい友だちと語り合うような満足感がある、といつしか口コミで受講生が集まるようになりました。

ときどき「先生、お久しぶりです。昨年お世話になりました〇〇です」と、既に単位を取った上級生がやってきます。おそらく質疑応答の心地よい感覚が残っているのでしょう。自発的に学ぶ「活きた時間」が定着したようで、教師冥利《みょうり》に尽きます。

ある学生から恋愛に関する相談が寄せられたこともあります。私が「えー、古今和歌集に良い歌があって……」と回答すると、たちまち白い紙で「先生、それは新古今和歌集です」と京大生らしい訂正が入りました。

確かに、平野啓一郎《ひらのけいいちろう》や万城目学《まきめまなぶ》のような、明日の芥川《あくたがわ》賞作家や直木《なおき》賞作家が目の前に座っているかもしれないのです。もしかすると未来のノーベル賞学者が頬杖《ほおづえ》ついて聴いているかもしれません。

こうした「後生畏《こうせいおそ》るべし」を地でゆく学生たちに当意即妙で応答するうち、いつしか私自身が夢中になっていました。すなわち、私の授業論の要諦《ようてい》は、「授業に集中してもらおうと思ったら、教師が授業に熱中するに限る」です。常に「まず隗《かい》より始めよ」なのでしょう。

「国土強靭化」プロジェクトに参加

退職後は大学の業務がなくなったことで、圧倒的に自由な時間ができました。現在は京都大学名誉教授およびレジリエンス実践ユニット特任教授として、吉田《よしだ》南キャンパスの研究室に毎日通って仕事をしています。

なお、特任教授の組織「レジリエンス実践ユニット」は、大学内に設置された学際的な研究組織です。レジリエンス（resilience）は回復力、弾力、しなやかさを意味する英単語で、ちょうど2021年度から始まった「防災・減災、国土強靭《きょうじん》化のための5か年加速化対策」（5年間、予算総額15兆円）に呼応しています。

ここでは特に、南海トラフ巨大地震・富士山噴火・首都直下地震という国家危機管理上喫緊の課題について研究を継続しています。さらに学術的な支援のため、名誉教授としてのフリーな立場で、全国の自治体・企業・学校へ講演に出かけています。

なお、「京都大学最終講義」の動画はYouTubeでも視聴できます。最近では89万ビューに300人以上のコメントが付き、さらに増え続けています。

また、2回行った私の授業論に関する講座が、京都大学オープンコースウェア（OCW）に掲載されています。これは新任教員に向けて行ったセミナーですが、私自身がここにご縁をいただいたことがいかに人生上の素晴らしい体験であったかを熱く語っています。最終講義の動画とともにご覧いただければ嬉しいです。

最後になりましたが、コロナ禍の真っ只中《ただなか》にもかかわらず、最終講義はたくさんの方々に協力していただきました。人間・環境学研究科棟の地下大講義室のリアル講義には100名以上の方が来てくださいました。さらに、出来たてのメディアClubhouseで同時配信を行い、海外を含めて1500人を超える方に聴いていただきました。コロナ禍で最終講義が成立するかどうか危ぶんでいたとき、「一生に一度なんだから是非おやりなさい！」と背中をドンと押してくださったHONZ代表の成毛眞《なるけまこと》さんに、まず謝意を述べたいと思います。

また下記の方々は、入場整理から音声配信、動画撮影、ゲスト登壇まで様々にお手伝いくださいました。岸本利久《きしもととしひさ》さん、佐野広記さん、小倉健一さん、鈴木工《たくみ》さん、加藤有香《ゆか》さん、緒方孝亮さん、柴山桂太さん、岡内裕子さん、田中孝太郎さん、馬芸迪さん、金田伊代さん、藤貫裕さん、濵《はま》一夫さん、高島香里《かおり》さんに心よりお礼申し上げます。そして角川新書編集部の堀由紀子さん、編集長の岸山征寛さん、編集に協力いただいた竹縄昌さん、佐藤美奈子さん、また、校正をしてくださった渡邉潤子さん、西脇さん、吉田薫さん、鳴海滉さんにも大変にお世話になりました。

改めていま『揺れる大地を賢く生きる　京大地球科学教授の最終講義』を書き上げてみて、「過去を振り返っている場合ではない！」という思いを、お伝えできたのではないかと思います。皆さま、24年間本当にありがとうございました。

2022年9月

京都大学名誉教授・特任教授の新研究室にて

鎌田浩毅

豊肥火山地域　33, *33*, 246, 268
ボーリング　40
北米プレート　*25*, 42, *58*, 58
ポストGAFA　182
北海道胆振東部地震　20, *36*, 37
ホットスポット　88
ホメオスタシス　175
本震　29, 30, *30*, 32

【ま行】

マーケティング　206
マーシャル・マクルーハン　277
マイ・マウンテン　267
マウナロア火山　120
万城目学　279
マグニチュード　22, 53, 68, *69*, 134
マグマ　77, *79*, *85*, 111
マグマ水蒸気爆発　83, *85*, 121, 143
マグマだまり　77, *78*, *79*, *91*, 92, *110*
益川敏英　217
丸山　72, *74*
マントル　*25*, 172, 174
万年雪　141, 145
三河地震　37
三島溶岩　112
水の循環　172, *173*
ミノア文明　260
見逃し　192
三原山　*45*, 129
三宅島　*75*, 124, 171, 177
宮原図幅　268
室津港　50, *51*
明治三陸地震　37
メタン　157
メディア論　277
メラピ火山　70, 132
森重文　217

【や行】

ヤーコプ・フォン・ユクスキュル　249
焼岳　72, *73*, *75*
山中伸弥　226
有感地震　90, *91*
融雪型泥流　146
融雪型泥流の可能性マップ　146
融雪型の泥流　140
誘発　35
誘発地震　44
雪玉地球　160
ユクスキュル　249, 250, *251*, 253
溶岩堤防　118
溶岩ドーム　127, 132, *133*
溶岩トンネル　119, 120
溶岩噴泉　111, 126
溶岩流　114, 116, *117*
溶岩流の可能性マップ　116
羊蹄山　*74*, 76
ヨークルフロイプ　143
横ずれ断層　*33*, 34, 40
余震　29, *30*, 35, 44, 191
予知体制　90

【ら行】

ライフライン　103, 181, 195
ラニーニャ(現象)　168, *169*
リアス式海岸　54
陸羽地震　37
陸の地震　23, 26, 35
リダウト火山　86
リバウンド隆起　50
リボン状火山弾　123
硫化水素　101
硫酸滴　110
流体地球　172
流動性　132
流紋岩　113, 114, 137
臨界状態　81
歴史科学　174
レジリエンス実践ユニット　279
ロイヤルオペラハウス　*236*
ロールモデル　204
ロジカルシンキング能力　208, *208*
六甲山　179
露頭　38, 39
ロンキマイ火山　101

索　引

ノウハウ能力　208, *208*
ノーブレス・オブリージュ　214, 252
ノーベル医学生理学賞　220, 226
ノーベル賞　217, 219
ノーベル物理学賞　217
野島断層　26
乗鞍岳　72, *73*, *75*

【は行】

バートランド・ラッセル　201
博士号　221
爆笑問題のニッポンの教養・京大スペシャル　274
爆弾を投下　119
箱根山　20, 72, *73*, *75*
ハザードマップ　114, 121, 193
バッファシステム（緩衝装置）　163
花折断層　179, *179*
羽田空港　106
原田憲一　99
パリ協定　153
ハリケーン　159
パワーポイント　178, 181, 277
パン皮状火山弾　123
パンゲア大陸　264
阪神・淡路大震災　22, *25*, *36*, 42, 51, *63*, *179*, 180, 186, 221
汎地球測位システム（GPS）　65, 93
被害進行情報　195
被害総額　95
被害予測　*57*, 101
東太平洋海膨　88
東日本大震災　4, 20, *28*, *64*, *69*, *71*, *73*, 186
微地形　121
ピナトゥボ火山　101, 108, 109, *109*, *135*, *140*
日向灘沖　47
氷河　141, 143
氷期　161
兵庫県南部地震　51
氷帽　143
平野啓一郎　279
フィードバック機能　163
フィールズ賞　217, 219
フィールドワーク　234
フィリピン海プレート　*25*, 47, *47*, *58*, 59
風化　173
不可逆性　151
不可逆の現象　174
不完全法　212
武器を身につける　230
伏在断層　39, 40
富士山　22, *36*, *47*, 72, *73*, *78*, *91*, *108*, *117*, 267
ブックオフ　225
物質移動　173
フッ素　101
物理探査　40
物理モデル　78
プラトン　254
フランシス・ベーコン　7, 178
プリニー式噴火　*97*, 127, 128
ブルカノ式噴火　*123*, 125
プレー火山　132
プレート　24, *25*, *58*, 70
フロー（狩猟採集）　244
フロー型文明　246
ブロッキング型　166, *166*
ブロッキング高気圧　167
プロデュース　205
フロン　157
フロントガラス　106
噴煙　82, *97*, 109, 125
噴煙柱　109, 123, 132
噴煙の傘　110
噴火スタンバイ（状態）　20, *45*, 72
噴火の仕組み　*79*
噴火のデパート　77
噴出総量　115
文政京都地震　180
噴石　122, *123*, 130
噴石の可能性マップ　128
粉体流　132
文明の盛衰　*244*
文理融合　270
平均気温　153, *154*, 155
ヘイマエイ島　121
ベズイミアニ火山　68
ヘラクレスの柱　255, 256, 259
ペルム紀　265
ヘルモクラテス　255
偏西風　146, 164, *165*
宝永地震　49, 71, 94
宝永噴火　94, 127, 144
貿易風　111, 164, *165*, 167
防災　183
防災バッグ　56
方丈記　248
防塵眼鏡　100
紡錘状火山弾　123

損切り　229

【た行】

大気循環　*166*
大気の渦　166
大規模噴火　117
耐震性　60
大地変動の時代　44, 171, 270
台風　158
太平洋ベルト地帯　46
太陽光エネルギー　110, 156
対流圏　109, 110, *110*
大量絶滅　*265*, 265
滝沢火砕流　137
竹内均　217
タラン火山　70
タンクバン・プラフ火山　70
断層　*43*
地球温暖化　150, 221
地球科学　151, 222, 265
地球科学入門　*19*, 222, 273
地球惑星システム　170, *174*
知識は力なり　7, 178
地質調査所　204, 246
千島海溝　*21*, 65, *87*
知的消費　200
知的生産　200
チャーリー・ベーコン　268
中央海嶺　257
中央構造線　*33*
中央防災会議　43, 59
中生代　213
鳥海山　70, 76
超巨大地震　49
長尺の目　162, 163, 243, 247, 248, 252, 266
直下型地震　27, 68, 179, *179*
チリ地震　22, 69, *69*
通産省　216
筑波大学附属駒場高校　211
辻説法　178, 180
津波　22, 46, 54, *57*, 62, 181
津波の速度　53
冷たいメディア　277
鶴見岳　72, *73*, *75*
低気圧　164
デイサイト　113
低周波地震　89, *91*, 93
ティマイオス　254, 255
泥流　140, *141*
デール・カーネギー　207
電子機器　104
東海道新幹線　118
同化性バイアス　188, *189*
東西流型　165
同時多発テロ事件　85, 190
同調性バイアス　188, *189*
東南海地震　*21*, 37, *47*, 48
東北地方太平洋沖地震　*21*, 25, 65
東名高速道路　118, 146
十勝岳　*74*, 140
登山の医学　237
土砂崩れ　159
都心南部直下地震　60, *61*
土石流　141
鳥取県西部地震　41
ドニゼッティ　236
利根川進　220
土木学会　55
十和田火山　70
十和田湖　135
トンガ　84

【な行】

中之島　72, *73*, *75*
夏目漱石　207
成田空港　106
南海地震　*21*, *47*, 48, *51*, 52
南海トラフ　*21*, *25*, *47*, 64, *71*
南海トラフ巨大地震　6, 20, 46, *47*, *57*, *71*
ナンバーワン　226
南北流型　165, *166*
新潟県中越沖地震　37
新潟県中越地震　*36*, 37, *71*
新島　72, *73*, *75*
二酸化硫黄　101, 110, 173
二酸化ケイ素　112, 114
二酸化炭素　101, 155, 157, 161
日光白根山　72, *73*, *75*
日本海溝　64, *87*
日本海溝・千島海溝　*64*
日本列島　*21*, 23, 25, *25*, *28*, 34, 37, 49, 68, 70, *73*, *87*, 164, 247
人間・環境学研究科　170, 280
熱帯低気圧　158
熱波　159, 166
ネバド・デル・ルイス火山　141, 145
粘性　112
農業　244

索　引

凍りつき症候群　190
古今和歌集　279
古生代　213, 265
固体地球　172
御殿場岩なだれ　144
コトラー&ケラー　206
小林誠　217
コルドン・カウジェ火山　69, *69*
コンテンツ能力　208, *208*
コンピュータ　94, 99

【さ行】

災害地・危険度情報　195
西湖　112, *113*
相模トラフ　*21*, 26, 59, 61, 64
桜島　102, 124, 125, 127
薩摩硫黄島　*75*, 263
佐野広記　274
酸化現象　137
産業革命　161, 245
サントリーニ島　258, 259, *259*
ジェットストリーム　164
シェルター　129, 130
時間を分類　*231*
地震計　93
地震調査委員会　41
地震のサイクル　31
地震の巣　25, 47, 179
静岡県東部地震　37
実績火口　114
地盤沈下　63
ジブラルタル海峡　255, 259
周期性　48
集中力　233
重要度　231
縮小再生産　219
首都圏　*43*, 58, *58*, 227
首都直下地震　56, *71*
ジョイン&シェア　194
貞観地震　70, *71*
貞観噴火　112
精進湖　112, *113*
浄水場　104
情熱大陸　275
昭和東南海地震　*47*, 48
昭和南海地震　*47*, 48, 50
食糧危機　163
進化　174
新幹線　105
震源域　*21*, 26, *43*, *47*
人工衛星画像　86
新古今和歌集　279
新生代　213
水圏　171, *173*
水蒸気　81, 157
水蒸気爆発　81, *82*, 90, 121, 139
水分　80
数値シミュレーション　115
隙間法　218, 226
スコリア　120
ストック(農業生産)　244
ストック型文明　246
ストロンボリ式噴火　126, 128
スノーボールアース　160
スフリエール型火砕流　133
スペシャリスト　210
スマトラ島沖　5, 69
スマトラ島沖地震　22, *69*, 190
諏訪之瀬島　72, *73*, *75*
静穏期　*30*, 31, 51
生活情報　195
正常性バイアス　187, *189*
成層火山　76, 137, 267
成層圏　109
正断層　34, *35*, 42
静電気　104
青銅器文明　260, 261
生物から見た世界　249, 250, *251*
生物圏　171
生命誕生　243
世界一受けたい授業　228
赤外線　157
石炭　245
石油　245
剗海　112
ゼロメートル地帯　62
全球凍結　160, *160*
全国こども電話相談室　233
前震　*30*, 31
セントヘレンズ火山　98, 142
総合人間学部　170, 217
想定外　28, 270
想定火口範囲　115, 116, 138
ソクラテス　255
遡上　6
租税収入　55
率先避難者　181, 182
ソメイヨシノ　154

海水面の温度　167
開聞岳　*71*, *75*, 76
家屋の焼失　61
科学の伝道師　178
火口　78
火口湖　141
過去は未来を解く鍵　243
火砕丘　120, 126, 138
火砕サージ　136
火砕流　77, *104*, 131, *133*, 216
火山学者　213
火山ガス　101, 110
火山活動　162
火山岩塊　123
火山性微動　90, *91*
火山弾　122, 126
火山灰　98, 101, *102*, 107, *108*, *109*, *264*
火山灰仕様　106
火山爆発指数　134, *135*
火山フロント　87, *87*, 88
火山噴火　*69*
火山礫　123
カスケード火山観測所　268
火星　242
化石燃料　155
河川氾濫　159
活火山　70, *73*, *74*, 86, *87*
活火山の定義　71
活断層　26, 179
火道　78, *78*, *82*, *85*, 93
カナリア諸島　89
可能性マップ　*116*, 138
仮眠　234
鴨長明　248
ガラス　99
空振り　191
伽藍岳　72, *73*, *75*
火力発電所　103
カルデラ　134, 247, 259
カルピンスキ火山　68
ガルングン火山　86
ガレラス火山　124
環境問題　250
環世界　249, 250, 253
岩石圏　171
観測網　93
関東大震災　59, 61
寒波　166
岩板　24
陥没地形　134
寒冷化　161
気温低下　*110*
気管支炎　100
危機管理　109
気圏　171
気候変化　*244*
気候変動　151, *160*
気象庁　93, 191
逆断層　34, *35*
九州新幹線　105
牛糞状火山弾　123
共同幻想　253
京都大学オープンコースウェア（OCW）　280
京都大学最終講義　8, 274
教養　202, 236
巨大噴火　247, 264
近畿トライアングル　179, *179*, 180
緊急地震速報　191
緊急度　231
草津白根山　72, *73*, *75*
九重山　72, *73*, *75*, 268
クノッソス宮殿　261
熊本地震　20, 31, *36*
クラカタウ火山　259
クリティアス　254, 255
グリムスボトン火山　143
クレタ島　260
経済損失　85
経済被害　55
傾斜計　93
珪肺　99, 100
警報　54
結晶　99
ゲリラ豪雨　159
減災　4, 183, 195
原始生物　242
建築基準法改正　60
玄武岩　112, 113, 114, 126, 267
元禄地震　59, 62, *62*
高気圧　164
航空機　85, 107
光合成　163
高周波　90, *91*
後生畏るべし　279
神津島　72, *75*
行動指示情報　195
降灰予想地域　*108*
幸屋火砕流　262, *263*

索　　引

＊頁数の細字は人名、太字は事項など、斜体は図版・写真を表す。

【数字】

3・11　**184, 227**
9世紀　*71*
10年、5年、5年法　**220, 227**

【アルファベット】

Clubhouse　**3, 280**
GAFA　**182, 239**
IPCC（気候変動に関する政府間パネル）　**162**
iPS細胞　**226**
P-T境界　**265**
SDGs　**163**

【あ行】

アイスランド　**84**
アウトプット　**202, 208,** *208*
アウトリーチ　**171, 178**
青木ヶ原溶岩　**112,** *113,* **115**
アカホヤ火山灰　**263,** *263*
秋田駒ケ岳　**72,** *73, 74*
秋田焼山　**72,** *73, 74*
アグン火山　**110**
浅間山　*71, 73, 75,* **124, 125, 130**
芦ノ湖　**135**
アスペリティ　**65**
阿蘇-4火山灰　*100*
阿蘇カルデラ　**268**
阿蘇山　*36, 71,* **72,** *73, 75,* **129, 135, 207, 213**
熱いメディア　**277**
厚木米海軍飛行場　**108**
アトランティス　*258*
アトランティス大陸　**254**
アナク・クラカタウ　**70**
アリューシャン地震　**68**
泡立ち現象　**80**
安山岩　**113, 114, 126**
安政江戸地震　**42,** *43,* **60**
安息角　**138**
安否情報　**195**
活きた時間　**150, 225, 271**
異常気象　**111, 151, 164**
伊豆　**72**
伊豆大島　**72,** *73, 75,* **129**
岩木山　*74,* **76**
岩手山　**72,** *73, 74*
岩手・宮城内陸地震　**41**
岩なだれ　**142**
隕石　**242**
インドネシア　**70**
インプット　**238**
インフラ　**94**
ウェザーニュース　**194**
上町断層　**179**
ウォルター・キャノン　175
有珠山　*71, 74,* **124, 171**
ヴィゼヴェドフ火山　**69,** *69*
海の地震　**23, 47**
雲仙普賢岳　*75,* **89, 104,** *104,* **131, 221**
エアフィルター　**106**
エアロゾル　**110, 173**
エイヤフィヤトラヨークトル火山　**84,** *85*
エーゲ海　**258,** *259,* **260**
液状化現象　**63,** *63*
エトナ火山　**118, 267**
エネルギー資源　**245**
エマニエル・カント　253
エルチチョン火山　**111**
エルニーニョ現象　**167,** *169*
塩化水素　**101, 173**
エンジン　**105**
エンジン燃焼室　**85**
塩素　**101**
尾池和夫　52
大分－熊本構造線　**33,** *33*
オオカミ少年状態　**191**
小川克郎　204
小倉健一　274
小田原藩　**144**
鬼押出し溶岩　**130**
小野晃司　213
オフ　**235**
オマイラ・サンチェス　142
オリハルコン　**256**
温室効果ガス　**157**
御嶽山　**20,** *36, 71, 75,* **81,** *82,* **129**
温暖化　**244**
オンリーワン　**226**

【か行】

カール・ヒルティ　201
海溝　**24,** *25, 28*
海溝型地震　*21,* **24,** *25,* **58**
海水の温度　**154**

鎌田浩毅（かまた・ひろき）
1955年、東京都生まれ。京都大学名誉教授、京都大学経営管理大学院客員教授。筑波大学附属駒場中学校・高校を経て、79年東京大学理学部地学科卒業。通商産業省（現・経済産業省）主任研究官、米国内務省カスケード火山観測所上級研究員を経て、97〜2021年、京都大学大学院人間・環境学研究科教授。21年から現職。日本地質学会論文賞受賞。理学博士（東京大学）。専門は火山学、地球科学、科学コミュニケーション。テレビや講演会で科学を明快に解説する「科学の伝道師」。京都大学の講義は毎年数百人を集め、学生の人気を博した。本書のもとになった「京都大学最終講義」はYouTubeで公開されており、再生回数は100万回超。著書に『富士山噴火と南海トラフ』『地学ノススメ』（共にブルーバックス）、『火山噴火』『知っておきたい地球科学』（共に岩波新書）、『地球の歴史』『理科系の読書術』（共に中公新書）、『生き抜くための地震学』『やりなおし高校地学』（共にちくま新書）、『理学博士の本棚』（角川新書）など多数。

揺《ゆ》れる大地《だいち》を賢《かしこ》く生《い》きる
京大《きょうだい》地球《ちきゅう》科学《かがく》教授《きょうじゅ》の最終講義《さいしゅうこうぎ》
鎌田浩毅《かまたひろき》

2022年10月10日　初版発行
2024年10月20日　5版発行

◆◇◇

発行者　山下直久
発　行　株式会社KADOKAWA
〒102-8177　東京都千代田区富士見2-13-3
電話　0570-002-301(ナビダイヤル)

装 丁 者　緒方修一（ラーフイン・ワークショップ）
ロゴデザイン　good design company
オビデザイン　Zapp!　白金正之
印 刷 所　株式会社KADOKAWA
製 本 所　株式会社KADOKAWA

角川新書

ISBN978-4-04-082421-5 C0244